U. Jung/H. Küstner

Semantische Mechanismen der Negation

Akademie der Wissenschaften der DDR

Zentralinstitut für Sprachwissenschaft

studia grammatica

Herausgegeben von Wolfgang Motsch, Manfred Bierwisch und Jürgen Kunze

studia grammatica XXXI

Uwe Jung
Herbert Küstner

Semantische Mechanismen der Negation

Akademie-Verlag Berlin
1990

ISBN 3-05-000980-2
ISSN 0081-6469

Erschienen im Akademie-Verlag Berlin, Leipziger Str. 3—4, Berlin, DDR-1086

Lizenznummer: 202 · 100/122/90
Printed in the German Democratic Republic
Gesamtherstellung: VEB Druckerei „Thomas Müntzer", 5820 Bad Langensalza
Umschlag: Christine Koch
LSV: 0815
Bestellnummer: 755 133 6 (2115/31)

01400

Inhaltsverzeichnis

1. Einführung

Ein weiteres Buch über die Negation - was enthält es Neues? Über Negation und Präsupposition ist schon lange und auch in der jüngsten Zeit intensiv nachgedacht worden. Der Gang der Erkenntnis ist dabei keineswegs geradlinig verlaufen. Dies ist insbesondere hinsichtlich eines Themas zu beobachten, das sich als ein Grundmuster durch die vorliegende Arbeit hindurchzieht: Das Gedankenmuster von der Dualität zwischen Negation und Präsupposition. Sein quasiformaler Ausdruck ist das Negationskriterium, das besagt: Präsuppositionen eines Satzes sind genau das, was sowohl aus diesem Satz als auch aus seiner Verneinung folgt.

An diesem Kriterium ist zu Recht und zu Unrecht viel Kritik geübt worden. Es hat aber an seiner Lebenskraft dadurch nichts eingebüßt, sondern ist eher geläutert aus ihr hervorgegangen, nämlich präzisiert in den Voraussetzungen seiner Anwendbarkeit. Derjenigen Kritik, die dem Negationskriterium die Beispiele entgegenhielt, die zeigen, daß so ziemlich *jede* Präsupposition durch die Negation außer Kraft gesetzt werden kann, ist in den letzten Jahren der Wind aus den Segeln genommen worden durch den Gedanken von der Negation unter *Normalbedingungen*.

In diesem Buch wird eine präsuppositionssensitive Logik für Normalbedingungen entwickelt, das heißt eine Logik, die sich an präferenten Lesarten orientiert. Den Normalbedingungen kommt gerade für die automatische Sprachverarbeitung große Bedeutung zu: Sie sind eine oft gesicherte Voraussetzung, und sie bieten Chancen für eine formale Behandlung, die in ihrer Kompliziertheit die Möglichkeiten der Implementierung nicht übersteigt.

Unsere Beschäftigung mit der Semantik der Negation erfolgt im Rahmen von Grundlagenuntersuchungen für die automatische Sprachverarbeitung, die den theoretischen Vorlauf für künftige Anwendungen schaffen sollen. Aus dieser Zielstellung ergibt sich, daß in der vorliegenden Arbeit ein hoher Formalisierungsgrad angestrebt wird. Die Bereitstellung geeigneter formaler Mittel für die Analyse der Semantik der Negation ist demgemäß ein Schwerpunkt der Arbeit.

Dieser notwendige Hinweis auf die Einbindung in die Grundlagenforschungen zur automatischen Sprachverarbeitung bedeutet keineswegs etwa eine Abgrenzung von linguistisch orientierten

Forschungen zur Semantik. Im Gegenteil: Unsere Untersuchungen zur Semantik der Negation im Rahmen der automatischen Sprachverarbeitung haben zwei in der Sache liegende Tendenzen zur Überschreitung von Grenzen.

Zum einen führt die Beschäftigung mit der Semantik der Negation ganz zwangsläufig dazu, daß auch andere semantische Fragen ins Blickfeld geraten – Semantik der Negation kann nicht isoliert betrieben werden. In unserem Fall betrifft das vor allem die Problemkreise der Präsupposition – die Verbindung zur Negation ist offenkundig – und der Instantiierung – denn eine Präsuppositionsanalyse kommt an manchen Stellen einfach ohne Bezug auf die Ereignisstruktur nicht weiter (etwa beim Prädikat BECOME).

Zum anderen sind Semantikforschungen im Rahmen der automatischen Sprachverarbeitung zwar nicht *primär* als Beitrag zur allgemeinen Semantikforschung gedacht, es ist aber weder möglich, anspruchsvolle Untersuchungen zur Semantik für die automatische Sprachverarbeitung anzustellen, ohne bis in den Bereich aktueller Fragestellungen der modernen Semantikforschung vorzustoßen, noch ist es denkbar, existierende linguistische Ansätze etwa mit nur wenigen anpassenden Modifikationen zu übernehmen.

In diesem Spannungsfeld zwischen dem strikten Sichern der Formalisierbarkeit und der exakten Kontrolle der verwendeten formalen Mittel einerseits (dies ist eine wesentliche Voraussetzung jeder Forschung für die automatische Sprachverarbeitung) und andererseits dem Vorstoß in aktuelle Problembereiche der modernen Semantikforschung mit dem Versuch, durch eigene Ideen und Lösungsansätze auch hier einen Beitrag zu leisten, versucht die vorliegende Arbeit ihren Platz zu finden.

Dementsprechend mußten auch bei der Darstellung Kompromisse gemacht werden. Der mehr linguistisch interessierte Leser wird sich mit dem Abstraktionsgrad gewisser Teile der Formalismusentwicklung nicht recht anfreunden können und hätte sich vielleicht eine reichere Ausgestaltung der linguistischen Bezüge gewünscht; der mehr mathematisch Interessierte wird vielleicht eine ausführlichere Abhandlung derjenigen Eigenschaften des vorgeschlagenen Kalküls vermissen, die gewöhnlich im Paradigma der mathematischen Logik entwickelt werden, und hätte dafür lieber eine gestrafftere Darstellung der linguistischen Motivationen bei der Kalkülanwendung in Kauf genommen.

Eine ähnliche Situation ist aber wohl für alle interdisziplinären Arbeiten typisch, und wir hoffen, daß die unsere auch einen gewissen Integrationseffekt hat. Und der Leser mag prüfen, in welchem Maße es uns gelungen ist, die eingeführten formalen Elemente linguistisch zu motivieren und zu interpretieren und sie operabel zu machen, d.h. Regeln zum formalen Umgang mit ihnen aufzuweisen, deren Anwendung durchweg zu Formeln führt, die ebenfalls wieder linguistisch motivierbar und in Konsistenz mit der Interpretation der Ausgangselemente interpretierbar sind.

Nachdem wir mit der vorliegenden Arbeit eine gewisse Strecke in der Richtung "Formalisierung der Semantik der Negation" gegangen sind, wird bei der Weiterentwicklung des vorgestellten Ansatzes - entsprechend seiner allgemeinen Zielstellung, Grundlage für die automatische Sprachverarbeitung zu sein - vor allem Weiterarbeit in Richtung *Anwendungen* und *Integration* nötig sein, ohne die durchaus noch mögliche und nötige Erweiterung der Leistungfähigkeit der entwickelten formalen Mittel und die Einbeziehung weiterer sprachlicher Erscheinungen aus dem Auge zu verlieren.

Mit *Anwendungen* ist vor allem gemeint, die Ergebnisse dieser Arbeit für den in KUNZE (1982) entwickelten Formalismus für Selektionsbeschränkungen nutzbar zu machen; die Beziehungen zwischen diesem Formalismus und den Untersuchungen zur Semantik der Negation sowie erste Schritte in diese Richtung sind bereits in JUNG/KÜSTNER (1987) dargelegt worden.

Der *Integrations*aspekt betrifft vor allem die Zusammenführung der hier vorgestellten Ergebnisse mit den Untersuchungen zur Kasusrollenproblematik in KUNZE (in Vorbereitung) und KLIMONOW (1989), zu den Zeitrelationen in KUNZE (1987) und zu speziellen Aspekten der Bedeutung von Verben in STARKE (1989) und HÖSER (1986).

Die vorliegende Arbeit hat zwei Schwerpunkte, zum einen die Bemühungen um eine formal saubere Darstellung und Behandlung der Beziehungen zwischen Negation und Präsupposition, zum anderen die Untersuchungen zur Einbeziehung der Instantiierung in die semantischen Repräsentationen und ihre Wechselbeziehungen mit Negation und Präsupposition.

Als formal-logische Grundlage für diese Untersuchungen wird der *erweiterte Aussagenkalkül* (EAK) als kontrollierte Erweiterung des klassischen Aussagenkalküls entwickelt (Kapitel 2). Die

Erweiterung geschieht in zwei Richtungen: Zum einen werden neue Funktoren zur Repräsentation von (präsuppositionsbewahrender) Negation und Präsupposition eingeführt, zum anderen wird eine Substitution der Aussagenvariablen durch prädikative Ausdrücke durchgeführt.

An dieser Stelle ist eine Bemerkung zur früheren Version des EAK aus JUNG/KÜSTNER (1987) angebracht, dessen Ausdrücke auf der Grundlage einer 4-wertigen/2-dimensionalen Semantik interpretiert wurden. Dies hatte den Vorteil einer transparenten Beziehung zwischen EAK-Ausdrücken und Paaren von Ausdrücken des klassischen Aussagenkalküls. Nachteile dieses Kalküls waren die schwache Motivation für einen der Wahrheitswerte, die ihre Ursache darin hatte, daß die beiden Wahrheitswert-Komponenten ihrem Wesen nach nicht unabhängig waren, und einige formale Holprigkeiten, die sich letzten Endes daraus ergaben. Dies und die Tatsache, daß die Bezüge zur klassischen Aussagenlogik - etwas abgeschwächt - und alle wichtigen Äquivalenzen erhalten bleiben, haben uns dazu bewogen, der neuen Version des EAK eine 3-wertige Semantik zu geben, was sich sowohl in Motivations- als auch in Darstellungsvorteilen auszahlt.

Unter den dreiwertigen Logiken zeichnet sich die unsere durch mehrere neue, in hohem Maße plausible Funktoren für den Umgang mit der präsuppositionserhaltenden Negation aus. Es sind dies insbesondere die Funktoren für die Präsuppositions-Einführung und -Beseitigung, die maximale Präsupposition (MAP) und die Allegation.

Die entscheidende Neuerung des EAK gegenüber allen uns bekannten Kalkülen besteht in der Verwendung des *Präsuppositionseinführungsfunktors* 'o', der gewissermaßen die Ausgrenzung der Präsuppositionen aus dem Negationsfokus explizit macht. Sein Gegenstück ist der *Präsuppositionsbeseitigungsfunktor* '*', über den ein Bezug zur klassischen Aussagenlogik hergestellt werden kann und der einem Ausdruck in einem gewissen Sinne seine *maximale eigentliche Bedeutung* (MAB) zuordnet.

Mit dem Funktor für die *Allegation* wird dieses schon Anfang der 70er Jahre von HAJIČOVÁ vorgeschlagene Konzept für die Logik nutzbar gemacht; der Nutzen drückt sich in adäquateren semantischen Repräsentationen aus: Ohne den Allegationsfunktor wären gewisse Fälle der Präsuppositionssensitivität nur sehr umständlich darstellbar.

Die Übersichtlichkeit und praktische Handhabbarkeit des Kalküls und seiner Regeln erhöht sich dadurch, daß über den Präsuppositionsbeseitigungs-Funktor '*' eine einfache Zuordnung zwischen einem präsuppositionssensitiven Ausdruck und einem Paar klassisch-logischer Ausdrücke gegeben ist.

Entsprechend unserer Auffassung von der Negation unter Normalbedingungen werden wir (in Kapitel 3) das strikte Negationskriterium zur Grundlage unserer Präsuppositionsdefinition machen, wohl wissend, daß die Ausnahmefälle, nämlich die Fälle von Präsuppositions*suspension* dann einer gesonderten Behandlung bedürfen. Auf diese Weise sind aber die Präsuppositionen Folgerungen sowohl aus dem affirmativen als auch aus dem negierten Satz. Für die Ausnahmebehandlung wird (in Kapitel 4) ein spezieller (nicht wahrheitsfunktionaler) formaler Korrekturmechanismus bereitgestellt, der primär für die Behandlung der Präsuppositionssuspension gedacht ist, aber auch zur Suspension anderer Folgerungen geeignet ist. Dieser Suspensionsmechanismus macht sich die Verwendung des Präsuppositionseinführungsfunktors o in unseren Repräsentationen zunutze; er ermöglicht gegenüber den bekannten Ansätzen die Differenzierung zwischen suspendierbaren und nichtsuspendierbaren Präsuppositionen.

Wesentlich geprägt wurden unsere Forschungen in jüngster Zeit durch die Anregung von Manfred BIERWISCH, eine Bindung von Propositionen an *Ereignisse* generell im Formalismus vorzusehen. Dabei sahen wir uns wiederum auch beflügelt durch das Interesse, auf das unsere Diskussionsbeiträge und Vorschläge zu diesem Thema in der Forschungsgruppe Kognitive Linguistik und im Funktionswörterzirkel des ZISW (Zentralinstitut für Sprachwissenschaft der Akademie der Wissenschaften der DDR) stießen. In ihren Kapiteln 2, 5, 6 und 7 stellt die Arbeit einen Vorschlag dar, die formale Grundlage des Umgangs mit dem von BIERWISCH eingeführten Funktor INST weiter auszuarbeiten, und das heißt auch, die in diesem steckenden Möglichkeiten formal abzuklären und auf logische Flaschen zu ziehen. Anregung dafür waren seine Seminare, seine Veröffentlichungen und persönliche Gespräche, zu denen er uns stets mit großem Interesse an unseren Vorschlägen zur Verfügung stand. An gewissen Stellen der Arbeit nehmen wir zu Fragen, die sich aus der Erörterung des Instantiierungskonzepts ergaben und in den Diskussionen offenblieben oder in Veröffentlichungen gestellt wurden, mit unseren Vorschlägen Stellung. Dies war damit verbunden, daß wir uns an bestimmten Weggabelungen für eine Richtung entscheiden mußten.

So etwas kann Gewinn bringen - als solchen sehen wir die Aussagen ab Kapitel 5 über die unter der Normalnegation invariante Ereignisgrundstruktur an -, kann aber auch ein Wagnis sein. Wir Autoren sind Mathematiker, die sich über die Grenze ihres Wissenschaftsgebietes begeben haben, einen mathematischen Apparat im Gepäck als Angebot zur Anwendung auf die Sprachanalyse. Als Gäste, die sich freundlich aufgenommen sehen, hoffen wir die Anwendung mathematischer Methoden auf die Sprachwissenschaft ein Stück weit exemplarisch vorgeführt zu haben. Wir hoffen, grundlegende und interessante semantische Zusammenhänge ein Stück weit nicht nur beschrieben, sondern durch die formale Strenge, die wir der Beschreibungssprache auferlegt haben, auch erklärt zu haben. Die formale Strenge ist der Beitrag, den unsere Rolle als Mathematiker von uns verlangt.

Wir freuen uns über die Gelegenheit, mehreren Kollegen von ganzem Herzen zu danken: Jürgen KUNZE für seine Anregung zum Thema, seinen demokratischen Leitungsstil und seine Kollegialität, für die Konferenzreihe "Automatische Sprachverarbeitung" sowie für seine großzügige und aktive Förderung überhaupt. Manfred BIERWISCH für seine Seminare, für deren beflügelnde Atmosphäre und reiche Ausbeute; für die Freundlichkeit und die Selbstverständlichkeit, mit der wir dort zu beliebiger Zeit aufgenommen wurden; für wichtige Orientierungen. Renate PASCH für die Fröhlichkeit und das Nicht-auf-die-Uhr-Sehen im Gespräch mit uns über Präsuppositionen (und deren Suspension) und für die Leitung des Funktionswörterzirkels, in dem wir stets ein offenes Ohr fanden. Ilse ZIMMERMANN für ihr kraftvolles Sich-Einfühlen in Probleme, ihre kompetenten Fragen und ihren Zuspruch. Wenn sie anwesend war, hatte die Versammlung eine Mitte. Gerda KLIMONOW für ihre Solidarität mit den Suchenden, denen sie ihren gediegenen Kenntnisschatz zur Verfügung stellte. Ingolf MAX für sein ermunterndes Interesse, sein fleißiges und rasches Studium unserer Entwürfe und seine Hinweise zur formalen Genauigkeit.

Ein Dank ganz anderer Art gilt unseren Frauen Beate und Sabine für ihre Geduld während der anstrengenden Endphase unserer Arbeit.

2. Der erweiterte Aussagenkalkül (EAK) 1988

2.1. Formale Einführung und heuristische Begründung der Version 1988 des EAK

2.1.1. Die elementaren Ausdrücke des EAK und ihre wahrheitsfunktionale Interpretation

Wir geben zunächst die aussagenlogischen Grundstrukturen des EAK in Gestalt der *elementaren* EAK-Ausdrücke und ihrer wahrheitsfunktionalen Interpretation an; später folgen Ausführungen zu den für die Verfeinerung der Ausdrucksfähigkeit notwendigen Einsetzungen von prädikativen Ausdrücken für Aussagenvariable.

Die benötigten Grundzeichen sind folgende:

(1) Zeichen für Aussagenvariable: p1, p2, p3,... (wir werden später der Kürze halber auch p, q, r,... benutzen),

(2) Zeichen für aussagenlogische Funktoren,
einstellig: '-', 'o', '*', '↑',
zweistellig: '∧', 'v', '-->', '<->' (weitere Funktoren werden später durch definierende Äquivalenzen eingeführt).

Wir werden im folgenden, sowohl für die Betrachtung des "reinen" EAK als auch später bei den präsuppositionssensitiven Semembeschreibungen, Metavariable für Ausdrücke verwenden, und zwar

A, B, C,... Variable für Ausdrücke, die präsuppositionssensitiv, also dreiwertig zu interpretieren sind,

H, K, L,... Variable für Ausdrücke, die präsuppositionsignorant, also zweiwertig zu interpretieren sind.

<u>Definition</u> (*elementarer EAK-Ausdruck*)

(1) p1, p2, p3,..., die *Aussagenvariablen*, sind elementare EAK-Ausdrücke.

(2a) Ist A ein elementarer EAK-Ausdruck, so sind auch -A, oA, *A, ↑A elementare EAK-Ausdrücke.

(2b) Sind A und B elementare EAK-Ausdrücke, so auch (A∧B), (AvB), (A-->B), (A<->B).

(3) Keine andere Zeichenreihe ist ein elementarer EAK-Ausdruck.

Wir benutzen im folgenden die in der formalen Logik üblichen Konventionen zur Klammereinsparung, also z.B. die Weglaßbarkeit der Außenklammern (außer bei Einsetzungen).

Die so definierte Ausdrucksmenge enthält als echte Teilmenge die Menge der AK-Ausdrücke, d.h. der Ausdrücke des klassischen Aussagenkalküls: Deren Definition entsteht durch Weglassen von "oA, *A, ↥A" in (2a).

Spezielle elementare EAK-Ausdrücke, die als "Ersatz" für zweiwertig zu belegende Aussagenvariablen angesehen werden können, sind die Ausdrücke der Form *pi und *-pi, wenn pi eine Aussagenvariable ist. Solche Ausdrücke nennen wir *zweiwertige Aussagenvariablen-Analoga* (unter Benutzung der Terminologie von MAX (1988) für komplexe Ausdrücke eines Kalküls, die sich genauso verhalten wie Aussagenvariablen eines anderen Kalküls). Zur Bedeutung der Aussagenvariablen-Analoga wird in Abschnitt 2.4 etwas gesagt werden.

Bevor wir nun zur Interpretation der Funktoren des EAK durch dreiwertige Wahrheitsfunktoren kommen, sind noch einige Bemerkungen zur Erläuterung der drei Wahrheitswerte nötig. In der Einleitung wurde bereits der Hauptgrund für den Übergang von der Vierwertigkeit (Zweikomponentigkeit) zur Dreiwertigkeit genannt: Die beiden Komponenten der (komplexen) Wahrheitswerte aus JUNG/KÜSTNER (1987) sind nicht unabhängig voneinander, so daß letzten Endes doch nur drei Wahrheitswerte belegt sind. Wir benutzen im folgenden als Zeichen für die drei Wahrheitswerte '2', '1' und '0', deren Interpretation wir zum besseren Verständnis im Vorgriff auf spütere Abschnitte (insbesondere 2.4 und 3.2) schon hier angeben:

2 - (klassisch) *wahr*, entspricht dem Wert WF (Aussage zutreffend, Negat nicht zutreffend) aus JUNG/KÜSTNER (1987);

1 - *falsch*, entspricht dem Wert FW (Aussage nicht zutreffend, Negat zutreffend);

0 - *Präsupposition verletzt*, entspricht dem Wert FF (Aussage und ihr Negat nicht zutreffend).

Nach diesen Vorbereitungen können wir nun die benötigten Wahrheitsfunktionen durch Wahrheitstafeln definieren:

<u>Definition</u> (*Wahrheitsfunktionen*)

	NOT	PHI	MAB	MAP
2	1	2	2	2
1	2	0	1	2
0	0	0	1	1

ET	2	1	0
2	2	1	0
1	1	1	0
0	0	0	0

VEL	2	1	0
2	2	2	2
1	2	1	1
0	2	1	0

SEQ	2	1	0
2	2	1	1
1	2	2	2
0	2	2	2

AEQ	2	1	0
2	2	1	1
1	1	2	2
0	1	2	2

<u>Definition</u> (*Belegung*)

Eine *Belegung* ist eine Funktion f von der Menge der Aussagenvariablen in die Menge {2,1,0}, deren Definitionsbereich durch das folgende Rekursionsschema auf die gesamte Menge der elementaren EAK-Ausdrücke erweitert wird.

f(-A) := NOT(f(A)),
f(oA) := PHI(f(A)),
f(*A) := MAB(f(A)),
f(‡A) := MAP(f(A)),
f((A∧B)) := ET(f(A),f(B)),
f((A∨B)) := VEL(f(A),f(B)),
f((A-->B)) := SEQ(f(A),f(B)),
f((A<-->B)) := AEQ(f(A),f(B)) .

(In definierenden Gleichungen setzen wir auf diejenige Seite des Gleichheitszeichens, auf der sich das Definiendum befindet, einen Doppelpunkt. Ebenso setzen wir den Doppelpunkt später bei definierenden Äquivalenzen neben das Äquivalenzzeichen '≡'.)

Wie man aus dieser Wahrheitswertdefinition für elementare EAK-Ausdrücke leicht ableitet, können Ausdrücke, die aus zweiwertigen Aussagenvariablen-Analoga ohne Verwendung des Funktors 'o' gebildet sind, nur die Wahrheitswerte 2 und 1 annehmen.

Gegenüber der in JUNG/KÜSTNER (1987) veröffentlichten Version ist neben dem schon besprochenen und an den Wahrheitstafeln ersichtlichen Übergang zur Dreiwertigkeit im wesentlichen über zwei Neuerungen zu informieren:

(A) Die Atome des Kalküls, die wir dort Merkmalvariable genannt haben und die im Aussagenkalkül üblicherweise Aussagenvariable genannt werden, sind bei uns prädikative Ausdrücke; sie werden in den Ausdrücken des EAK *aussagenlogisch* miteinander verknüpft (das entspricht ja der Natur eines Aussagenkalküls), sind aber zusätzlich durch Axiome zueinander in Beziehung gesetzt. Beispiele für solche Axiome werden wir in Kapitel 6 kennenlernen. Die Angabe der genauen Einsetzungsregeln für prädikative Ausdrücke erfolgt weiter unten.

(B) Besonderes Kennzeichen des EAK war das Kreuzchen: In der Standard-Darstellung eines EAK-Ausdrucks

$$H \wedge \times K$$

war H derjenige Teilausdruck, der vom präsuppositionsbewahrenden Negationsfunktor '−' nicht betroffen wurde,

$$-(H \wedge \times K) \equiv H \wedge - \times K \ .$$

(Das Zeichen '≡' steht wie in JUNG/KÜSTNER (1987) für die semantische Äquivalenz von Ausdrücken, d.h., es gilt $A \equiv B$ genau dann, wenn $f(A) = f(B)$ für alle Belegungen f gilt.)

Wir haben festgestellt, daß sich mit dem EAK mehr anfangen läßt, wenn wir sozusagen das Standbein wechseln und eine andere Variante der Belegung der aussagenlogischen Atome mit Wahrheitswerten zugrunde legen. Die andere Belegungsvariante hat zur Folge, daß unter Verwendung des $\dot{-}$ in JUNG/KÜSTNER (1987) bereits definierten - Unverneinbarmach-Funktors 'o' der Sachverhalt nun folgendermaßen aussieht: Die Standard-Darstellung hat jetzt diese Gestalt:

$$\mathrm{o}\, H \wedge K \ ,$$

dabei ist von der Negation mit '−' wiederum nur K betroffen, H nicht. Also: Statt daß der assertierte Teil mit dem Kreuzchen markiert ist, ist jetzt der präsupponierte Teil mit der Kuller markiert. Die Anwendung des Funktors '−' sieht demnach so aus:

$$-(\mathrm{o}\, H \wedge K) \equiv \mathrm{o}\, H \wedge - K \ .$$

2.1.2. Definition der allgemeinen EAK-Ausdrücke durch Einsetzung prädikativer Ausdrücke in elementare EAK-Ausdrücke

Bei der Anwendung des EAK im Interesse präsuppositionssensitiver Bedeutungsbeschreibungen werden für die Aussagenvariablen primitive prädikative Ausdrücke eingesetzt; sie werden aus folgendem

Zeichenvorrat gebildet (die Mengen X, T, L, E sind wie bei BIERWISCH (1988a)):

- Individuenvariablen:

  x, y, z, x1, x2,... für Individuen aus der Menge X der Objekte,
  t, t1, t2,... für Individuen aus der Menge T der Intervalle,
  l, l1, l2,... für Individuen aus der Menge L der Plätze,
  e, e1, e2,... für Individuen aus der Menge E der Ereignisse im verallgemeinerten Sinn,

- Funktionenkonstanten:

  $f_i^{ni;Si}$ (i = 1, 2, ...) (ni-stellige, Si-wertige Funktionenkonstanten als Zeichen für ni-stellige Individuenfunktionen mit Werten in Si, d.h. für Abbildungen von S1 x ... x Sn in Si; dabei sind Si,Sj $\in$ {X,T,L,E}); als Bezeichnungen für Funktionenkonstanten werden wir später Wortkürzel in Kleinbuchstaben wie z.B. init, time,... benutzen. Anm. 1

- Relationenkonstanten über den Teilindividuenbereichen:

  $R_i^{ni;Si}$ (i = 1, 2,...) (Zeichen für ni-stellige Relationen über Si, d.h. für Teilmengen von Si^{ni}, wobei Si $\in$ {X,T,L,E} ist). Zweistellige Relationszeichen werden wir später auch in der üblichen Infixschreibweise benutzen, etwa T = T' bzw. T $\subseteq$ T' für die Identität bzw. Inklusion. Anm. 2

- Prädikatenkonstanten:

  $P_i^{ni;S1,...,Sni}$ (i = 1, 2,...) (ni-stellige Prädikatenkonstanten mit dem Argumentsorten-n-tupel (S1,...,Sni) als Zeichen für Prädikate über S1 x ... x Sni, die der Instantiierung bedürfen, falls sie e-frei sind (s. unten; dabei sind die Sj aus {X,T,L,E}). Pi heißt *e-haltig*, falls mindestens eines der Sj gleich E ist, andernfalls *e-frei*. Prädikatenkonstanten werden wir später mit Wortkürzeln in Großbuchstaben, zum Beispiel AWAKE, ALIVE,..., bezeichnen.

- Die zweistellige Prädikatenkonstante INST, die als erstes Argument eine Ereignisvariable ei und (als einzige Prädikatenkonstante des EAK überhaupt) ein propositionales zweites Argument hat.

  Wir sagen es der Deutlichkeit halber ausdrücklich: Alle anderen semantischen Prädikate mit propositionalen Argumenten (wie etwa BECOME, CAUSE,...) werden wir nicht durch eigens für sie eingeführte Grundzeichen des Kalküls repräsentieren, sondern mit Hilfe von aussagenlogisch komplexen Ausdrücken, in denen INST als einziges Prädikatenzeichen mit propositionalem Argument vorkommt (vgl. hierzu auch Abschnitt 4.1).

- Klammern, Komma.

Natürlich ist ein n-stelliges Prädikat nichts anderes als die charakteristische Funktion einer n-stelligen Relation, und insofern macht es keinen Sinn, Relationen- und Prädikatenzeichen zu unterscheiden. Wir benutzen die beiden verschiedenen Termini hier aber als technische Möglichkeit, zwischen zwei Sorten von Prädikaten zu unterscheiden: (e-freie) Prädikatenkonstanten stehen als Zeichen für Prädikate, die neben der Argumentbelegung noch der Instantiierung durch ein Ereignis bedürfen, um einen Wahrheitswert zu bekommen, Relationenkonstanten für Prädikate (und damit natürlich auch Relationen), deren Wahrheitswertzuordnung unabhängig von einer Instantiierung ist.

Es sei noch bemerkt, daß diese hier nur technisch abgehandelte Unterscheidung zwischen Relationen und Prädikaten durchaus Bezüge zu einer tieferliegenden Problematik hat: der Unterscheidung zwischen zeitgebundenen und zeitlosen Sachverhalten. Zu dieser Frage werden wir in Kapitel 5 einige Bemerkungen machen. An dieser Stelle genügt es festzustellen, daß allein die (unumgängliche) Verwendung mathematischer Relationen wie Identität und Inklusion, die als nicht zeitgebunden anzusehen sind (und sich sogar selbst auf Zeitintervalle beziehen können), eine Differenzierung der Ausdrucksbildungsmittel in (nach unserer Terminologie) Relationen und Prädikate erfordert.

Wir wollen nun, nachdem oben bereits die elementaren EAK-Ausdrükke definiert worden sind, die prädikativen Ausdrücke, die für die Aussagenvariablen eingesetzt werden können, sowie die korrekte Form dieser Einsetzung und damit insgesamt den Begriff des *allgemeinen EAK-Ausdrucks* definieren. Dazu führen wir zunächst die Begriffe *Term* und *s-Term* durch verschränkte Definitionen ein.

Definition (*Term*)

Eine Zeichenreihe T ist genau dann ein *Term*, wenn ein $s \in \{x,t,l,e\}$ existiert, so daß T ein s-Term ist. .

Definition (*s-Term*)

Es sei s ∈ {x,t,l,e}.

(1) s, s1, s2,... sind s-Terme.

(2) Wenn T1,..., Tn Terme sind und $f^{n;s}$ eine n-stellige S-wertige Funktionenkonstante ist, so ist

$f^{n;s}(T1,...,Tn)$

ein s-Term. Anm. 3

(3) Keine andere Zeichenreihe ist ein s-Term.

Beispiel: init(e) ist ein e-Term, time(e) ein t-Term.

Definition (*primitiver relationaler Ausdruck*)

(1) Wenn $R^{n;s}$ eine n-stellige Relationenkonstante über S ist und T1,...,Tn s-Terme sind, so ist

$R^{n;s}(T1,...,Tn)$

ein primitiver relationaler Ausdruck.

Beispiel: time(e) ⊆ time(e') ist ein primitiver relationaler Ausdruck.

Definition (*primitiver prädikativer Ausdruck*)

(1) Wenn $P^{n;s1,...,sn}$ eine n-stellige Prädikatenkonstante mit dem Argumentsorten-n-tupel (S1,...,Sn) ist und für i = 1,...,n Ti ein si-Term ist, so ist

$P^{n;s1,...,sn}(T1,...,Tn)$

ein primitiver prädikativer Ausdruck.

(2) Keine weiteren Zeichenreihen sind primitive prädikative Ausdrücke.

(3) Ein primitiver prädikativer Ausdruck gemäß (1) heißt *e-frei* bzw. *e-haltig*, falls die Prädikatenkonstante P e-frei bzw. e-haltig ist.

Beispiele: ALIVE(x) ist ein e-freier,
TRANSITIO(e), CAUS(e1,e2) sind e-haltige primitive prädikative Ausdrücke.

Definition (*e-freier EAK-Ausdruck*)

(1) Jeder elementare EAK-Ausdruck ist ein e-freier EAK-Ausdruck.

(2) Wenn A ein e-freier EAK-Ausdruck, q eine Aussagenvariable und B ein e-freier primitiver prädikativer EAK-Ausdruck ist, so ist A(q/B) ein e-freier EAK-Ausdruck.

(3) Keine anderen Zeichenreihen sind e-freie EAK-Ausdrücke.

Dabei ist A(q/B) (*Einsetzung von B für q in A*) der Ausdruck, der entsteht, wenn in A jedes Vorkommen der Aussagenvariablen q durch den Ausdruck B ersetzt wird.

<u>Definition</u> (*e-freier prädikativer EAK-Ausdruck*)
Ein e-freier prädikativer EAK-Ausdruck ist ein e-freier EAK-Ausdruck, der keine Aussagenvariablen enthält.

<u>Beispiele</u> für e-freie EAK-Ausdrücke:

op ∧ ALIVE(x), oANIMATE(x) ∧ ALIVE(x);

nur der zweite ist ein e-freier prädikativer Ausdruck.

<u>Definition</u> (*INST-Ausdruck*)
A ist ein *INST-Ausdruck*, falls ein e-Term T und ein e-freier prädikativer EAK-Ausdruck B mit A = INST(T,B) existieren.

<u>Beispiel</u>: INST(init(e),-AWAKE(x))

<u>Definition</u> (*zulässiges p-Substitut*)
A ist ein *zulässiges p-Substitut*, falls A ein INST-Ausdruck, ein e-haltiger primitiver prädikativer Ausdruck oder ein primitiver relationaler Ausdruck ist.

<u>Definition</u> (*e-abgeschlossener prädikativer EAK-Ausdruck*)

(1) Für jeden elementaren EAK-Ausdruck A, jede Aussagenvariable q und jedes zulässige p-Substitut B ist A(q/B) ein e-abgeschlossener prädikativer EAK-Ausdruck.

(2) Wenn A ein e-abgeschlossener prädikativer EAK-Ausdruck, q eine Aussagenvariable und B ein zulässiges p-Substitut ist, so ist A(q/B) ein e-abgeschlossener prädikativer EAK-Ausdruck.

(3) Keine anderen Zeichenreihen sind e-abgeschlossene prädikative EAK-Ausdrücke.

<u>Beispiel</u>: o(TRANSITIO(e) ∧ p) ∧ INST(fin(e),AWAKE(x))

Nachdem nun alle Hilfsmittel bereitgestellt sind, kann der Ausdrucksbegriff definiert werden, der für die Untersuchungen zu den präsuppositionssensitiven Semembeschreibungen in Kapitel 4 benötigt wird, der Begriff des *allgemeinen* EAK-Ausdrucks.

<u>Definition</u> (*allgemeiner EAK-Ausdruck*)
A heißt *allgemeiner EAK-Ausdruck*, falls A ein e-abgeschlossener prädikativer EAK-Ausdruck ist, der keine Aussagenvariable enthält.

<u>Beispiel</u>: o(TRANSITIO(e) ∧ INST(init(e),-AWAKE(x))) ∧
∧ INST(fin(e),AWAKE(x))

2.1.3. Interpretation der allgemeinen EAK-Ausdrücke

Wie man anhand der obenstehenden Definitionen leicht überprüft, ist ein allgemeiner EAK-Ausdruck ein nach den Regeln des EAK gebildeter Ausdruck, bei dem alle Aussagenvariablen durch prädikative Ausdrücke ersetzt worden sind, die als oberstes Prädikatenzeichen INST, ein e-haltiges Prädikatenzeichen oder ein Relationenzeichen enthalten. Gemäß unseren Überlegungen zur Rolle der Instantiierung werden wir auch nur solchen prädikativen Ausdrücken einen Wahrheitswert zuordnen. Der Wahrheitswert des gesamten allgemeinen EAK-Ausdrucks berechnet sich dann aus den Wahrheitswerten dieser prädikativen Ausdrücke nach den oben angegeben Regeln für elementare EAK-Ausdrücke.

Wir müssen nun nur noch die wahrheitsfunktionale Interpretation der zulässigen p-Substitute, also derjenigen prädikativen Ausdrücke, die in elementare EAK-Ausdrücke eingesetzt werden dürfen, angeben. Dazu definieren wir der Reihe nach die Interpretation von s-Termen, primitiven relationalen Ausdrücken, primitiven prädikativen Ausdrücken, e-freien prädikativen EAK-Ausdrücken und INST-Ausdrücken.

Es sei eine Belegung g der Individuenvariablen si gegeben, d.h. eine Abbildung, die jedem si (für $s \in \{x,t,l,e\}$) ein Element aus S ($S \in \{X,T,L,E\}$) zuordnet. Ferner sei eine Interpretationsfunktion I gegeben, die die Funktionen-, Relationen- und Prädikatenkonstanten interpretiert. Die durch die Interpretationsfunktion I zugeordneten Funktionen und Prädikate beschreiben die Struktur der Individuenbereiche X,T,L,E. Jeder n-stelligen, S-wertigen Funktionenkonstante f wird solcherart eine n-stellige Funktion I(f) mit dem Wertebereich S zugeordnet. Der Definitionsbereich der Belegung g wird nun folgendermaßen (rekursiv) auf die Menge der Terme ausgedehnt:

(1) Für $s \in \{x,t,l,e\}$ ist laut Definition der Belegung
 g(s), g(s1), g(s2),... $\in$ S definiert.

(2) $g(f^{n;s}(T1,...,Tn)) := I(f^{n;s})(g(T1),...,g(Tn))$

Die oben angeführte Interpretationsfunktion I ordnet jeder n-stelligen Relationenkonstante R über S ein n-stelliges 2-wertiges Prädikat I(R) über S, d.h. eine Abbildung von der Menge S^n in die Menge {2,1} zu.

Die Interpretationsfunktion I ordnet jeder n-stelligen e-freien Prädikatenkonstante P mit dem Argumentsorten-n-tupel (S1,...,Sn) ein (n+1)-stelliges 2-wertiges Prädikat I(P) vom Typ (E,S1,...,Sn), d.h. eine Abbildung von der Menge E x S1 x...x Sn in die Menge {2,1} zu. Jeder n-stelligen e-haltigen Prädikatenkonstante P mit dem Argumentsorten-n-tupel (S1,...,Sn) wird ein n-stelliges 2-wertiges Prädikat vom Typ (S1,...,Sn) zugeordnet.

Dementsprechend ist der Wert eines e-freien primitiven prädikativen Ausdrucks ein einstelliges 2-wertiges Prädikat über E:

$$g(P(T1,...,Tn)) = \lambda e\ (I(P)(e,g(T1),...,g(Tn)))$$ Anm. 4

Der Wahrheitswert eines primitiven relationalen Ausdrucks bzw. eines e-haltigen primitiven prädikativen Ausdrucks berechnet sich analog:

$$g(R(T1,...,Tn)) = I(R)(g(T1),...,g(Tn))$$

$$g(P(T1,...,Tn)) = I(P)(g(T1),...,g(Tn))$$

Nun definieren wir den Wert von e-freien prädikativen EAK-Ausdrücken, d.h. von e-freien EAK-Ausdrücken, die keine Aussagenvariablen mehr enthalten, denn nur solche kommen ja für die Einsetzung in INST-Ausdrücke in Frage. Man macht sich leicht klar, daß A genau dann ein e-freier prädikativer Ausdruck ist, wenn es einen elementaren EAK-Ausdruck B mit den Aussagenvariablen q1,...,qn und e-freie primitive prädikative Ausdrücke C1,...,Cn gibt, so daß A aus B durch simultane Einsetzung entsteht:

$$A = B(q1/C1,...,qn/Cn).$$

g(C1),...,g(Cn) sind nach dem Vorigen einstellige Prädikate über E, d.h., für i = 1,...,n und für beliebige $e \in E$ ist $g(Ci) \in \{2,1\}$. Jedes $e \in E$ definiert also eine Belegung f_e für die Aussagenvariablen q1,...,qn und damit einen Wahrheitswert (aus {2,1,0}) für den elementaren EAK-Ausdruck B:

$$f_e(qi) \equiv g(Ci)(e)\quad .$$

Der Wert von A ergibt sich nun folgendermaßen als einstelliges 3-wertiges Prädikat über E:

$$g(A) = \lambda e\ (f_e(B))$$

oder anders ausgedrückt

$$g(A) = \lambda e\ (I(B)(g(C1)(e),...,g(Cn)(e))),$$

wenn wir als Interpretation I(B) des elementaren EAK-Ausdrucks B die von ihm repräsentierte 3-wertige Wahrheitsfunktion auffassen.

Einem e-freien prädikativen Ausdruck A wird also noch nicht wie üblicherweise in der Prädikatenlogik ein Wahrheitswert zugeordnet; um einen solchen zu bekommen, bedarf A noch der Instantiierung durch ein Ereignis. Dies geschieht durch Einbettung von A in einen INST-Ausdruck.

Nun ordnen wir jedem INST-Ausdruck A folgendermaßen seinen Wahrheitswert bei der Belegung g zu:

Es sei A = INST(T,B), wobei T ein e-Term und B ein e-freier prädikativer EAK-Ausdruck sei. Der Wert des e-Terms bei g ist dann ein Ereignis, der Wert von B ein einstelliges 3-wertiges Prädikat über E. Intuitiv ist INST(T,B) zu interpretieren als "T ist eine Instanz von B". Der Instantiierungsfunktor INST fügt nun den Wert von T und den Wert von B so zusammen, daß dieser Interpretation formal entsprochen wird:

g(A) = g(INST(T,B)) = (g(B))(g(T));

g(A) ist also ein Wahrheitswert aus {2,1,0}.

Damit haben wir bei gegebener Belegung g der Individuenvariablen jedem zulässigen p-Substitut einen Wahrheitswert aus {2,1,0} zugeordnet.

Nun sei A ein allgemeiner EAK-Ausdruck, also ein e-abgeschlossener prädikativer EAK-Ausdruck, der keine Aussagenvariablen enthält. Man überlegt sich leicht, daß es dann einen elementaren EAK-Ausdruck B mit den Aussagenvariablen q1,...,qn und zulässige p-Substitute C1,...,Cn gibt, so daß A aus B durch simultane Einsetzung entsteht:

A = B(q1/C1,...,qn/Cn)

(Wir nennen B dann den *unterliegenden elementaren EAK-Ausdruck.*)

Für i = 1,...,n gilt g(Ci) ϵ {2,1,0}. Es wird also durch

f(qi) = g(Ci) für i = 1,...,n

eine Belegung f für die (einzigen für den Wert von B relevanten) Aussagenvariablen q1,...,qn definiert. Der Wert von A ergibt sich dann als

g(A) = f(B),

oder, anders, ausgedrückt als

g(A) = I(B)(g(C1),...,g(Cn)),

wenn wir wie oben unter der Interpretation von B I(B) die durch B repräsentierte Wahrheitsfunktion verstehen.

Damit ist die Wertdefinition für allgemeine EAK-Ausdrücke komplett.

Zur Definition und Interpretation der allgemeinen EAK-Ausdrükke sind im Hinblick auf Kapitel 6 noch einige Bemerkungen nötig:

Aus der Definition ergibt sich, daß allgemeine EAK-Ausdrücke stets die "e-Tiefe" 1 haben, d.h., daß e-Ausdrücke nicht ineinandergeschachtelt werden dürfen. Diese Beschränkung der Ausdrucksbildungsmöglichkeiten sowie die Zurückführung aller in den semantischen Repräsentationen benötigten Prädikate mit propositionalen Argumenten auf komplexe Ausdrücke mit dem Prädikat INST und Prädikaten mit nichtpropositionalen Argumenten (wie in Kapitel 6 ausgeführt) bringen einen entscheidenden Vorteil mit sich: Die Erweiterung des aussagenlogischen Grundgerüsts (elementare EAK-Ausdrücke) durch zusätzliche Ausdrucksmittel bleibt überschaubar und formal kontrollierbar. Es darf jedoch nicht übersehen werden, daß auf der Faktenseite, d.h. in natürlichsprachigen Sätzen, natürlich Einbettungen verschiedener instantiierter Propositionen ineinander vorkommen können, eben gerade dort, wo in der semantischen Repräsentation Prädikate mit propositionalen Argumenten auftauchen. Da die Schachtelung von e-Ausdrücken nicht zulässig ist, muß ein anderes formales Mittel zur Analyse dieser Fälle bereitgestellt werden. Wir werden als ein solches die explizite Bezugnahme auf die Struktur komplexer Ereignisse als Teil der Repräsentation benutzen. Die entsprechenden Ausführungen finden sich in den Kapiteln 5 und 6. (Man beachte insbesondere die Ausführungen zu den Prädikaten BECOME und CAUSE!).

Erwähnung verdient auch an dieser Stelle schon die Problematik der *Instantiierungsregeln*. Eine Instantiierungsregel ist eine Äquivalenz, auf deren linker Seite ein Ausdruck der Form

INST(e,A)

steht und auf deren rechter Seite ein aussagenlogisch komplexer Ausdruck steht, der nur INST-Ausdrücke enthält, deren zweites Argument weniger komplex ist als A. Viele solche Instantiierungsregeln lassen sich formal leicht aus der in diesem Abschnitt angegebenen Wertdefinition für allgemeine EAK-Ausdrücke ableiten; sie sind aber an dieser Stelle linguistisch überhaupt noch nicht abgesichert. Aus diesem Grunde sind die Überlegungen zu den Instantiierungsregeln in Kapitel 5 als nachträgliche Rechtfertigungen der Definition und Interpretation der allgemeinen EAK-Ausdrücke zu verstehen. Die gewählte Reihenfolge der Darstellung scheint uns dennoch wegen des Zusammenhangs der Ausdrucksdefinitionen die zweckmäßigste zu sein.

2.1.4. Die wichtigsten Gemeinsamkeiten und Unterschiede im Vergleich mit dem SEURENschen Presuppositional Propositional Calculus (PPC) sowie dem Kalkül von BIERWISCH

Der EAK 1988 hat mit dem von SEUREN (1980, 1985) angegebenen PPC die wahrheitsfunktionale Interpretation der klassischen aussagenlogischen Funktoren '∧', 'v', '-->' und '<-->' gemeinsam, ferner die des "klassischen", präsuppositions-ignoranten Negationsfunktors '¬' (wobei aber über die "Klassizität" noch zu reden sein wird) und die des Funktors der präsuppositions-bewahrenden Negation (bei SEUREN mit '~', bei uns mit '-' bezeichnet).

Die wichtigsten Unterschiede sind die folgenden:

(1) Der EAK ist im Unterschied zu SEURENs PPC *funktional vollständig*: Mit Hilfe der Funktoren '-', 'o', '*' und '∧' sind alle dreiwertigen Wahrheitsfunktionen darstellbar. Vgl. den entsprechenden Satz unten in Abschnitt 2.3.

(2) Der EAK ermöglicht die Darstellung wesentlicher struktureller Zusammenhänge zwischen der präsuppositions-sensitiven, dreiwertigen Logik und der - sozusagen präsuppositions-ignoranten - klassischen zweiwertigen Aussagenlogik. Dem ist Abschnitt 2.4 (siehe unten) gewidmet.

(3) Im EAK brauchen nicht zwei Negationsfunktoren als Grundzeichen eingeführt zu werden: Der "klassische" Negationsfunktor '¬' (wir benutzen dasselbe Zeichen wie SEUREN) ist im EAK definierbar, und zwar ist er äquivalent mit -*.

BIERWISCH (1988d) führt als Neuerung z.B. gegenüber SEUREN den zweistelligen Funktor ':' ein, der die Eigenschaft hat, daß nur sein zweites Argument von der (Normal-)Negation betroffen sein kann. Hier die Wahrheitstafeln für die Funktoren bei BIERWISCH:

A	B	~A	≃A	¬A	A ∧ B	A v B	A --> B	A : B
2	2				2	2	2	2
2	1	1	1	1	1	2	1	1
2	0				0	0	0	0
1	2				1	2	2	0
1	1	2	1	2	1	1	2	0
1	0				0	0	0	0
0	2				0	0	0	0
0	1	0	2	2	0	0	0	0
0	0				0	0	0	0

Der Doppelpunkt-Funktor steht für die Standardverknüpfung von Vorausgesetztem und Behauptetem; er entspricht der EAK-Verknüpfung $\circ A \wedge B$. Auch alle anderen angegeben Funktoren lassen sich im EAK rekonstruieren:

$$\sim A \equiv - A\,, \quad \simeq A \equiv - \uparrow A\,, \quad \neg A \equiv - * A\,,$$

$$A : B \equiv \circ A \wedge B\,;$$

die Funktoren '$\wedge$', 'v', '-->' bei BIERWISCH entsprechen den EAK-Funktoren '$\wedge$', 'v_p' bzw. '$-->_p$' (vgl. Abschnitt 3.2).

2.2. Einige wichtige Rechenregeln im EAK

Wir definieren zunächst einige wichtige Grundbegriffe für EAK-Ausdrücke, und zwar sowohl für elementare als auch für allgemeine EAK-Ausdrücke:

<u>Definition</u> (*semantische Äquivalenz*)

A und B seien elementare bzw.allgemeine EAK-Ausdrücke.
A und B heißen *semantisch äquivalent* ($A \equiv B$), falls für jede Belegung h (der Aussagenvariablen bzw. der Individuenvariablen) gilt

$$h(A) = h(B).$$

Aus dieser Definition ergeben sich mit Hilfe der Ausdrucks- und Wertdefinitionen aus den Abschnitten 2.1.2 und 2.1.3 leicht die folgenden Aussagen:

<u>Folgerung</u>

A' und B' seien elementare EAK-Ausdrücke mit $A' \equiv B'$. A und B seien allgemeine EAK-Ausdrücke, die aus A' und B' durch simultane Einsetzung von beliebigen allgemeinen EAK-Ausdrücken für alle in A' und B' vorkommenden Aussagenvariablen entstehen. Dann gilt:

$$A \equiv B.$$

<u>Folgerung</u>

A und B seien allgemeine EAK-Ausdrücke mit den unterliegenden elementaren EAK-Ausdrücken A' und B' (d.h., A und B entstehen aus A' und B' durch simultane Einsetzung von zulässigen p-Substituten für alle vorkommenden Aussagenvariablen). Dann gilt:

Wenn $A' \equiv B'$, so $A \equiv B$.

Die Umkehrung dieser Aussage gilt nicht allgemein. – Aus diesen Folgerungen ergibt sich eine wichtige praktische Konsequenz:

<u>Beweisprinzip für EAK-Äquivalenzen</u>

Wenn eine (semantische) Äquivalenz, auf deren linker und rechter Seite Ausdrucks-Metavariablen A, B,... durch ausschließlich elementare EAK-Funktoren verknüpft sind, für elementare EAK-Ausdrücke A, B,... bewiesen ist, dann gilt sie auch für allgemeine EAK-Ausdrücke A, B,... .

Der Beweis ergibt sich direkt aus der ersten obigen Folgerung. Dieses Prinzip liefert die Rechtfertigung dafür, daß wir im folgenden beim Beweis aller Äquivalenzen, die die obige Voraussetzung erfüllen, nur elementare EAK-Ausdrücke zu betrachten brauchen und folglich mit Wahrheitstafeln arbeiten können.

Den e-freien prädikativen Ausdrücken wird kein Wahrheitswert zugeordnet, sondern sie bedürfen zuvor der Instantiierung. So läßt sich auch nicht direkt eine semantische Äquivalenz zwischen e-freien prädikativen EAK-Ausdrücken mit Hilfe der Wertverlaufsgleichheit definieren. Natürlich brauchen wir aber einen solchen Äquivalenzbegriff; er ist auf kanonische Weise zu definieren.

<u>Definition</u> (*Äquivalenz für e-freie prädikative Ausdrücke*)

Zwei e-freie prädikative Ausdrücke A und B heißen äquivalent, wenn für jedes $e \in E$ gilt:

$$INST(e,A) \equiv INST(e,B).$$

<u>Definition</u> (*allgemeingültig, erfüllbar, kontradiktorisch*)

A sei ein elementarer bzw. ein allgemeiner EAK-Ausdruck.

(1) A heißt *allgemeingültig* ($A \in AG$), falls fur alle Belegungen h der Aussagenvariablen bzw. der Individuenvariablen $h(A) = 2$ gilt.

(2) A heißt *erfüllbar* ($A \in EF$), falls es eine Belegung h der Aussagenvariablen bzw. der Individuenvariablen mit $h(A) = 2$ gibt.

(3) A heißt *kontradiktorisch* ($A \in KT$), falls A nicht erfüllbar ist, d.h., falls für alle Belegungen h $h(A) \neq 2$ gilt.

<u>Folgerung</u>

A sei ein allgemeiner EAK-Ausdruck und A' der unterliegende elementare EAK-Ausdruck. Dann gilt:

(1) Wenn $A' \in AG$ bzw. $A' \in KT$, so auch A.

(2) Wenn $A \in EF$, so auch A'.

Die Umkehrungen dieser Aussagen gelten im allgemeinen nicht. Die folgende Aussage wird in Kapitel 5 benötigt werden.

<u>Satz</u>

Für beliebige elementare EAK-Ausdrücke A gilt:

(1) A ist genau dann allgemeingültig, wenn *A allgemeingültig ist.

(2) A ist genau dann erfüllbar, wenn *A erfüllbar ist.

(3) A ist genau dann kontradiktorisch, wenn *A kontradiktorisch ist.

<u>Beweis</u>

Um die Aussagen (1) - (3) zu beweisen, genügt es zu zeigen, daß für jede Belegung f gilt:

f(A) = 2 gdw f(*A) = 2.

Dies ergibt sich leicht aus der Definition der Wahrheitsfunktion ST (siehe Abschnitt 2.1):

f(*A) = ST(f(A)),

ST(f(A)) = 2 gdw f(A) = 2.

Der klassische Zusammenhang zwischen semantischer Äquivalenz und Allgemeingültigkeit gilt nur in einer Richtung:

<u>Folgerung</u>

A und B seien elementare bzw. allgemeine EAK-Ausdrücke. Dann gilt:

Wenn $A \equiv B$, so $A \leftrightarrow B \in AG$.

<u>Satz</u> (*De Morgansche Regeln*)

Für das Funktorensystem $\{\neg, \wedge, \vee\}$ gelten die De Morganschen Regeln:

$$\neg(A \wedge B) \equiv \neg A \vee \neg B \ ,$$

$$\neg(A \vee B) \equiv \neg A \wedge \neg B \ .$$

Der Beweis kann unschwer mit Hilfe von Wahrheitstafeln geführt werden. Eine andere in der klassischen Aussagenlogik für den Negationsfunktor geltende Regel gilt im EAK für den Funktor '¬' jedoch nicht, so daß die Bezeichnung "klassischer Negationsfunktor" für '¬' nicht ganz zutreffend ist:

Im allgemeinen ist

$$\neg\neg A \not\equiv A;$$

stattdessen gilt für alle EAK-Ausdrücke:

$$\neg\neg A \equiv {*A}.$$

Dies wirkt sich so aus, daß die aus der klassischen Aussagenlogik bekannten Äquivalenzen, mit deren Hilfe sich '∧' und '∨' unter Benutzung von '¬' wechselseitig auseinander definieren lassen, im EAK nicht mehr gelten:

A ∧ B ≢ ¬(¬A ∨ ¬B),

A ∨ B ≢ ¬(¬A ∧ ¬B);

stattdessen gilt:

*(A ∧ B) ≡ ¬(¬A ∨ ¬B)

*(A ∨ B) ≡ ¬(¬A ∧ ¬B).

Im folgenden werden einige weitere wichtige Äquivalenzen angegeben und mit Hilfe von Wahrheitstafeln bewiesen. Die Zeichen über den Wahrheitswertspalten deuten die Reihenfolge der Funktoranwendungen an (von innen nach außen: . , : , ! , v):

‡oA ≡ *oA ≡ *A ,

‡A ≡ *A ∨ *-A , wie aus der Wahrheitstafel ersichtlich:

A	oA	*A	‡A	-A	‡oA	*oA	*-A	*A ∨ *-A
2	2	2	2	1	2	2	1	2
1	0	1	2	2	1	1	2	2
0	0	1	1	0	1	1	1	1

o (A ∧ B) ∧ A ≡ o (A ∧ B)

o	(A	∧	B)	∧ A ≡ o (A ∧ B)
:		.		!
2	2	2	2	2
0	2	1	1	0
0	2	0	0	0
0	1	1	2	0
0	1	1	1	0
0	1	0	0	0
0	0	0	2	0
0	0	0	1	0
0	0	0	0	0

* (A ∧ B) ≡ *A ∧ *B

*	(A	∧	B)	≡	*A	∧	*B
:		.			.	:	.
2	2	2	2		2	2	2
1	2	1	1		2	1	1
1	2	0	0		2	1	1
1	1	1	2		1	1	2
1	1	1	1		1	1	1
1	1	0	0		1	1	1
1	0	0	2		1	1	2
1	0	0	1		1	1	1
1	0	0	0		1	1	1

o (A ∧ B) ≡ oA ∧ oB

o	(A	∧	B)	≡	oA	∧	oB
:		.			.	:	.
2	2	2	2		2	2	2
0	2	1	1		2	0	0
0	2	0	0		2	0	0
0	1	1	2		0	0	2
0	1	1	1		0	0	0
0	1	0	0		0	0	0
0	0	0	2		0	0	2
0	0	0	1		0	0	0
0	0	0	0		0	0	0

Im folgenden Satz werden zwei der grundlegendsten Rechenregeln des EAK bewiesen.

<u>Satz</u> (*Spezialfälle der Negation von Konjunktionen*)

Für beliebige EAK-Ausdrücke A und B gilt:

(1) $-(\text{o}A \wedge B) \equiv \text{o}A \wedge -B$

(Resistenz der Präsupposition gegenüber '-'),

(2) $-(*A \wedge *B) \equiv -*A \vee -*B$

(De Morgansche Regel für präsuppositionslose Ausdrücke).

<u>Beweis</u> mit Hilfe von Wahrheitstafeln:

A	B	- (o	A ∧	B) ≡	o A ∧	-	B	- (*A	∧	*B)	≡ -	*A v	- *B
		!	.	:	:	!	:	:	.		.	:	.
2	2	1	2	2	2	1	1	1	2	2	2	1	1	1
2	1	2	2	1	2	2	2	2	2	1	1	1	2	2
2	0	0	2	0	2	0	0	2	2	1	1	1	2	2
1	2	0	0	0	0	0	1	2	1	1	2	2	2	1
1	1	0	0	0	0	0	2	2	1	1	1	2	2	2
1	0	0	0	0	0	0	0	2	1	1	1	2	2	2
0	2	0	0	0	0	0	1	2	1	1	2	2	2	1
0	1	0	0	0	0	0	2	2	1	1	1	2	2	2
0	0	0	0	0	0	0	0	2	1	1	1	2	2	2

Für beliebige EAK-Ausdrücke gilt statt der De Morganschen Regel:

$-(A \wedge B) \equiv \text{o}\ddagger(A \wedge B) \wedge (-A \vee -B) \equiv \text{o}(\ddagger A \wedge \ddagger B) \wedge (-A \vee -B)$.

2.3. Die funktionale Vollständigkeit des EAK

In diesem Abschnitt wollen wir zeigen, daß die Menge, die aus folgenden Funktoren besteht, vollständig ist:

Negationsfunktor '-',

Präsuppositionseinführungsfunktor 'o' ,

Präsuppositionsbeseitigungsfunktor '*',

Konjunktion '∧'.

<u>Vollständigkeitssatz</u>

Für jedes $n \in \{1,2,3,...\}$ gilt: Jede n-stellige dreiwertige Wahrheitsfunktion läßt sich mit Hilfe der den Funktoren '-', 'o', '*', und '∧' entsprechenden Funktionen NOT, PHI, MIB und ET ausdrücken.

Der <u>Beweis</u> ist dem entsprechenden Beweis in JUNG/KÜSTNER (1987:173f.) ähnlich; der wesentliche Unterschied liegt in den zugrunde liegenden Wahrheitsfunktionen und demzufolge dann in der Funktorendarstellung für die Einheitsfunktionen (hier g1,...,g6, s.u.). Zuerst verschaffen wir uns als zusätzliche Darstellungsmittel die Funktoren '↥' und 'v', indem wir zeigen, wie sie aus den oben genannten Funktoren dargestellt werden können. Es ist

```
↥ A ≡  -(- * A ∧ - * - A)
:       :       .
2 2     2 1 2   1 2 1 1
2 1     2 2 1   1 1 2 2
1 0     1 2 1   2 2 1 0
```

und

```
A v B ≡ o - (- ↥ A ∧ - ↥ B) ∧ - (- * A ∧ * B) .
  v       ! :         .         v !         :
2 2 2   2 2  1 2   1 1 2   2 2  1 2   1 2
2 2 1   2 2  1 2   1 1 2   2 2  1 2   1 1
2 2 0   2 2  1 2   1 2 1   2 2  1 2   1 1
-----------------------------------------
1 2 2   2 2  1 2   1 1 2   2 2  2 1   1 2
1 1 1   2 2  1 2   1 1 2   1 1  2 1   2 1
1 1 0   2 2  1 2   1 2 1   1 1  2 1   2 1
-----------------------------------------
0 2 2   2 2  2 1   1 1 2   2 2  2 1   1 2
0 1 1   2 2  2 1   1 1 2   1 1  2 1   2 1
0 0 0   0 1  2 1   2 2 1   0 1  2 1   2 1
```

Der nächste Beweisschritt besteht darin, daß wir durch vollständige Induktion über n zeigen, wie sich für jedes n ε {1,2,3,...} gewisse im mathematischen Sinne elementare Wahrheitsfunktionen, nämlich die n-stelligen *Einheitsfunktionen*, mit Hilfe der Funktoren '-', 'o', '*', '∧', '↥' und 'v' darstellen lassen. Unter n-stelligen Einheitsfunktionen wollen wir diejenigen n-stelligen Wahrheitsfunktionen verstehen, die fur genau ein n-tupel von Argumenten einen von 0 verschiedenen Wert liefern. Zum Beispiel sind die einstelligen Einheitsfunktionen die folgenden:

	g1	g2	g3	g4	g5	g6
2	2	1	0	0	0	0
1	0	0	2	1	0	0
0	0	0	0	0	2	1

Ein Beweis "durch vollständige Induktion" besteht aus zwei Teilen. Im ersten Teil, dem "Induktionsanfang", ist von der – für jede natürliche Zahl $n \neq 0$ behaupteten – Aussage zu zeigen, daß sie für $n = 1$ gilt. Im zweiten Teil, dem "Induktionsschritt", ist zu zeigen, daß sie, falls sie für n ($n \geq 1$ beliebig) gilt, auch für $n+1$ gilt.

Für den Induktionsanfang verlangt unser Fall, daß wir zu den Wahrheitsfunktionen g1,...,g6 eine Darstellung mit Hilfe der genannten Funktoren angeben:

	g1	g2	g3	g4	g5	g6
A	o A	– o A	o – A	– o – A	o – ↥ A	– o – ↥ A
2	2	1	0 1	0	0 1 2	0
1	0	0	2 2	1	0 1 2	0
0	0	0	0 0	0	2 2 1	1

Für den Induktionsschritt nehmen wir nun an, die zu beweisende Aussage gelte für irgendein n mit $n \geq 0$ (diese Annahme heißt die Induktionsvoraussetzung), und es sei g^{n+1} eine beliebige $(n+1)$-stellige Einheitsfunktion. Dann gibt es genau ein $(n+1)$-tupel von Wahrheitswerten $u^1,\ldots,u^{n+1}$ mit

$$g^{n+1}(u^1,\ldots,u^{n+1}) \neq 0 \, .$$

Es sei u der Wahrheitswert mit $g^{n+1}(u^1,\ldots,u^{n+1}) = u$, und es seien g^n diejenige n-stellige und g diejenige einstellige Einheitsfunktion mit $u = g^n(u^1,\ldots,u^n) = g(u^{n+1})$. Dann ist für beliebige Wahrheitswert-$(n+1)$-tupel $w^1,\ldots,w^{n+1}$

$$\begin{aligned} &ET(g^n(w^1,\ldots,w^n),g(w^{n+1}) \\ &= \begin{cases} u, & \text{falls } (w^1,\ldots,w^{n+1}) = (u^1,\ldots,u^{n+1}), \\ 0 & \text{sonst} \end{cases} \\ &= g^{n+1}(w^1,\ldots,w^{n+1}) \, . \end{aligned}$$

Auf Grund des im Induktionsanfang Bewiesenen ist die Wahrheitsfunktion g durch die Funktionen NOT, PHI, MIB und ET darstellbar. Auf Grund der Induktionsvoraussetzung gilt dasselbe für die Funktion g^n. Damit gilt es auch für die Funktion g^{n+1}, denn sie haben wir soeben aus g, g^n und ET dargestellt. Damit ist der Induktionsbeweis fertig.

Der Beweis des Vollständigkeitssatzes bedarf jetzt nur noch eines Schrittes: Man zeigt, daß sich jede n-stellige Wahrheitsfunktion aus den n-stelligen Einheitsfunktionen darstellen läßt. Dies liegt aber so nahe, daß wir es nicht ausführen: Die konstant en Wert 0 liefernde n-stellige Wahrheitsfunktion erhält man als

Konjunktion zweier beliebiger n-stelliger Einheitsfunktionen, und alle übrigen n-stelligen Wahheitsfunktionen ergeben sich in naheliegender Weise als Disjunktionen von n-stelligen Einheitsfunktionen.

2.4. Der formale Zusammenhang zwischen präsuppositionssensitiven und präsuppositionslosen Ausdrücken

Dieser Abschnitt ist der Untersuchung der Frage gewidmet, wie sich beliebige - also präsuppositionssensitive - elementare EAK-Ausdrücke aus präsuppositionslosen Ausdrücken (welche nur die Werte 2 und 1 annehmen können) unter minimaler Verwendung des Präsuppositionseinführungsfunktors 'o' aufbauen lassen, oder genauer, wie sich aus einem beliebigen elementaren EAK-Ausdruck präsuppositionslose Ausdrücke ableiten lassen, aus denen der Ausgangsausdruck rekonstruiert werden kann. Dabei ist zunächst klar, daß keine 1:1-Entsprechung zwischen präsuppositionssensitiven und präsuppositionslosen Ausdrücken herrschen kann, da jeder präsuppositionslose Ausdruck und jeder durch beliebige Funktoranwendungen aus einem einzigen solchen gewonnene elementare EAK-Ausdruck trivialerweise höchstens zwei verschiedene Wahrheitswerte annehmen kann.

Man kann sich also höchstens die Aufgabe stellen, zu einem gegebenen elementaren EAK-Ausdruck zwei zugehörige präsuppositionslose elementare EAK-Ausdrücke zu definieren, aus denen der Ausgangsausdruck bei nur einmaliger Verwendung des Funktors 'o' rekonstruierbar ist. Einer solchen Zuordnung entspricht gewissermaßen eine Dekomposition eines präsuppositionssensitiven Ausdrucks in zwei präsuppositionslose Ausdrücke. Dadurch ist die Menge der präsuppositionssensitiven Ausdrücke isomorph einer Teilmenge der Kreuzmenge der präsuppositionslosen Ausdrücke mit sich selbst (jeweils faktorisiert nach der semantischen Äquivalenz). Im Falle der aktuellen Version des EAK handelt es sich dabei um eine *echte* Teilmenge, so daß der aus JUNG/KÜSTNER (1987) bekannte Isomorphiesatz nicht übertragbar ist. Wir verzichten hier auf die Angabe einer entsprechenden Abschwächung dieses Satzes und geben statt dessen zwei mögliche und im weiteren praktisch benutzte Dekompositionsmöglichkeiten für präsuppositionssensitive Ausdrükke an, die Zerlegung in maximale Präsupposition und maximale eigentliche Bedeutung sowie die Zerlegung in die präsuppositionslose Lesart des Ausdrucks und in die seines Negats.

Die folgenden Betrachtungen können folglich als eine Darlegung dessen gesehen werden, was von der zweikomponentigen Betrachtungsweise der EAK-Version aus JUNG/KÜSTNER (1987) in den hier vorgestellten dreiwertigen EAK projiziert werden kann.

Nun folgt zunächst der Satz über die Dekomponierbarkeit in maximale Präsupposition und maximale eigentliche Bedeutung.

Darstellungssatz

Zu jedem präsuppositionssensitiven Ausdruck A gibt es präsuppositionslose Ausdrücke H und K derart, daß

A ≡o H ∧ K .

Beweis: Die Ausdrücke ↥A und ✱A leisten das Verlangte: Es ist

A	≡o	↥	A	∧	✱	A
				•		
2	2	2		2	2	
1	2	2		1	1	
0	0	1		0	1	

Wir werden in Kapitel 3 sehen, daß es weitere, kompliziertere Strukturierungsmöglichkeiten für EAK-Ausdrücke gibt, etwa die Ausgliederung von Allegation und Annegation sowie die Unterscheidung zwischen suspendierbarer und nichtsuspendierbarer Präsupposition. Alles, was sich an diesen Strukturierungsmöglichkeiten wahrheitsfunktional beschreiben läßt, kann man jedoch letzten Endes auf die einfache Grundstruktur aus dem Darstellungssatz zurückführen.

Mit dem Darstellungssatz haben wir die erste Möglichkeit kennengelernt, einem beliebigen elementaren EAK-Ausdruck zwei zu ihm in einer gewissen Beziehung stehende präsuppositionslose elementare EAK-Ausdrücke zuzuordnen, aus denen er selbst rekonstruierbar ist, nämlich seine maximale Präsupposition und eine Variante seiner eigentlichen Bedeutung, die maximale eigentliche Bedeutung; über die Zusammenhänge zwischen diesen Ausdrücken wird in Kapitel 3 mehr gesagt werden.

Nun wollen wir eine weitere Möglichkeit angeben, einem elementaren EAK-Ausdruck ein Paar von präsuppositionslosen elementaren EAK-Ausdrücken zuzuordnen, aus denen er rekonstruiert werden kann. Diese Zuordnung werden wir später bei Anwendungen des Kalküls oft benutzen, da die einzelnen präsuppositionslosen Varianten eines Ausdrucks und seines Negats - um diese handelt es sich bei den zugeordneten Ausdrücken - anschaulicher als der komplexe präsuppositionssensitive Ausdruck selbst sind.

Satz (*Rekonstruktion von* A *aus* *A *und* *-A)
Jeder elementare EAK-Ausdruck A kann folgendermaßen aus den präsuppositionslosen Ausdrücken *A und *-A rekonstruiert werden:

A ≡ o(*A v *-A) ∧ *A.

Beweis durch Angabe der Wahrheitstafel:

A	≡	o	(*	A	v	*	- A)	∧	* A
		!	.		:	.		v	.
2		2	2		2	1		2	2
1		2	1		2	2		1	1
0		0	1		1	1		0	1

Einem elementaren Ausdruck des EAK entspricht also das Paar von präsuppositionslosen EAK-Ausdrücken (*A,*-A). Wir wollen im folgenden zeigen, daß diese präsuppositionslosen Ausdrücke so umgeformt werden können, daß sie in gewissem Sinne Ausdrücken des klassischen Aussagenkalküls ähneln. Als Pseudoatome, gewissermaßen als "Ersatz" für die klassischen zweiwertigen Aussagenvariablen, stehen im EAK die zweiwertigen Aussagenvariablen-Analoga, also Ausdrücke der Form *q oder *-q, zur Verfügung (man überlegt sich leicht, daß man mit einer Sorte von zweiwertigen Aussagenvariablenanaloga nicht auskommt). Wir wollen nun zeigen, daß sich die präsuppositionslosen Ausdrücke *A und *-A äquivalent in Ausdrücke umformen lassen, bei denen sowohl Aussagenvariablen als auch Vorkommen des Funktors '*' nur in zweiwertigen Aussagenvariablen-Analoga auftreten, und die die Funktoren 'o' und 'ⵜ' nicht enthalten. Dazu führen wir zwei Funktionen ein, die wir durch verschränkte Rekursion definieren.

Definition (*Funktionen* S *und* T)

(1) S(q) := *q T(q) := *-q
  fur alle Aussagenvariablen q.

(2) S(-A) := T(A) T(-A) := S(A)
  S(*A) := S(A) T(*A) := -S(A)
  S(ⵜA) := S(A) v T(A) T(ⵜA) := -(S(A) v T(A))
  S(oA) := S(A) T(oA) := *p ∧ *-p (≡ <u>1</u>)

$S(A \wedge B) := S(A) \wedge S(B)$

$T(A \wedge B) := (T(A) \vee T(B)) \wedge$
$\wedge\ (-(T(A) \wedge T(B)) \dashrightarrow (S(A) \vee T(A)) \wedge (S(B) \vee T(B)))$

Die Definitionen für die übrigen zweistelligen Funktoren ergeben sich aus deren (nach dem Vollständigkeitssatz existierenden) Darstellungen aus '∧' und den einstelligen Funktoren (eigentlich wären auch die Definitionen für den Funktor '↥' nicht nötig gewesen).

Aus der Definition ergibt sich sofort, daß für beliebige elementare EAK-Ausdrücke A die Ausdrücke S(A) und T(A) die obige Strukturforderung erfüllen, d.h. Aussagenvariablen und den Funktor '*' nur in zweiwertigen Aussagenvariablenanaloga und die Funktoren 'o' und '↥' überhaupt nicht enthalten. Wir zeigen nun, daß auch die obige Äquivalenzforderung erfüllt ist, d.h., daß die folgende Aussage gilt:

<u>Satz</u>

Für alle elementaren EAK-Ausdrücke A ist

$S(A) \equiv \ast A$ und $T(A) \equiv \ast{-}A$.

Der <u>Beweis</u> wird induktiv geführt:

(1) $S(q) = \ast q$, $T(q) = \ast{-}q$ gilt nach Definition.

(2) Induktionsvoraussetzung: Die Äquivalenzen gelten für A.

Induktionsbehauptung: Die Äquivalenzen gelten für $-A$, $\ast A$, oA, $A \wedge B$ (für alle anderen Funktoren folgen sie aus dem Vollständigkeitssatz).

$S(-A) = T(A) \equiv \ast{-}A$, $T(-A) = S(A) \equiv \ast A \equiv \ast{-}{-}A$;

$S(\ast A) = S(A) \equiv \ast A \equiv \ast\ast A$, $T(\ast A) = -S(A) \equiv -\ast A \equiv \ast{-}\ast A$;

$S(oA) = S(A) \equiv \ast A \equiv \ast oA$, $T(oA) \equiv 1 \equiv \ast{-}oA$.

Die bisher benutzten Äquivalenzen ergeben sich aus der nebenstehenden Wahrheitstafel.

A	* - * A	* o A	* - o A
2	1 1 2	2 2	1 1 2
1	2 2 1	1 0	1 0 0
0	2 2 1	1 0	1 0 0

Sodann ist

$S(A \wedge B) = S(A) \wedge S(B) \equiv \ast A \wedge \ast B \equiv \ast(A \wedge B)$,

$T(A \wedge B) = (T(A) \vee T(B)) \wedge$
$\wedge\ (-(T(A) \wedge T(B)) \dashrightarrow (S(A) \vee T(A)) \wedge (S(B) \vee T(B)))$
$\equiv (\ast{-}A \vee \ast{-}B) \wedge$
$\wedge\ (-(\ast{-}A \wedge \ast{-}B) \dashrightarrow (\ast A \vee \ast{-}A) \wedge (\ast B \vee \ast{-}B))$
$\equiv \ast{-}(A \wedge B)$.

Die letzte Äquivalenz beweisen wir durch eine Wahrheitstafel:

A	B	(*-A v *-B) ∧ (-(*-A ∧ *-B) --> (*A v *-A) ∧ (*B v *-B)									
			.		v	.		!	.	:	.
2	2	1	1	1	1	2	1	2	2	2	2
2	1	1	2	2	2	2	1	2	2	2	2
2	0	1	1	1	1	2	1	1	2	1	1
1	2	2	2	1	2	2	1	2	2	2	2
1	1	2	2	2	2	1	2	2	2	2	2
1	0	2	2	1	1	2	1	1	2	1	1
0	2	1	1	1	1	2	1	1	1	1	2
0	1	1	2	2	1	2	1	1	1	1	2
0	0	1	1	1	1	2	1	1	1	1	1

Zum Vergleich hier noch die Wahrheitstafel für *-(A ∧ B):

A	B	*	-	(A ∧ B)
2	2	1	1	2
2	1	2	2	1
2	0	1	0	0
1	2	2	2	1
1	1	2	2	1
1	0	1	0	0
0	2	1	0	0
0	1	1	0	0
0	0	1	0	0

Der folgende Satz zeigt, daß auch in der Version 1988 des EAK die Wahrheitswerte als Paare aus den zwei klassischen Wahrheitswerten aufgefaßt werden können. Dabei kommt das Paar (2,2) nicht mehr vor, S(A) und T(A) sind unverträglich.

Satz (*Zweikomponentigkeit der Wahrheitswerte*)

Für jeden elementaren EAK-Ausdruck A und jede Belegung f gilt:

f(A) = 2 genau dann, wenn (f(S(A)),f(T(A)) = (2,1)

f(A) = 1 genau dann, wenn (f(S(A)),f(T(A)) = (1,2)

f(A) = 0 genau dann, wenn (f(S(A)),f(T(A)) = (1,1)

Entsprechend diesem Satz werden wir auch von den zwei *Komponenten* ek(U) und zk(U) eines Wahrheitswertes sprechen, es ist also ek(2) = zk(1) = 2 und zk(2) = ek(1) = ek(0) = zk(0) = 1.

Der Beweis ergibt sich aus der im nächsten Satz unter (6) angeführten Wahrheitstafel, die daraus folgt, daß, wie eben bewiesen wurde, S(A) ≡ *A und T(A) ≡ *-A ist.

Wir fassen die Eigenschaften der Funktionen S und T noch einmal zusammen:

<u>Satz</u> (*Eigenschaften der Funktionen* S *und* T)

Mit Hilfe der Funktionen S und T kann man konstruktiv jedem elementaren EAK-Ausdruck A zwei präsuppositionslose elementare EAK-Ausdrücke S(A) und T(A) zuordnen, die folgende Eigenschaften haben:

(1) a) Jedes Vorkommen des Funktors '*' in S(A) oder T(A) liegt innerhalb eines Teilausdrucks der Form *q oder *-q, wobei q eine Aussagenvariable ist.

b) Jedes Vorkommen einer Aussagenvariablen q in S(A) oder T(A) liegt innerhalb eines Teilausdrucks der Form *q oder *-q.

(2) Die Funktoren 'o' und 't̂' kommen in S(A) und T(A) nicht vor.

(3) $S(A) \equiv *A,\ T(A) \equiv *-A$ und folglich

(4) $A \equiv o(S(A) \vee T(A)) \wedge S(A)$.

(5) S(A) ∧ T(A) ist kontradiktorisch (S(A) und T(A) sind unverträglich).

(6) Zwischen den Wahrheitswerten von A, S(A) und T(A) besteht der durch nebenstehende Tabelle wiedergegebene Zusammenhang.

A	S(A)	T(A)
2	2	1
1	1	2
0	1	1

Jedem elementaren EAK-Ausdruck werden mit S(A) und T(A) also zwei *quasiklassische* zweiwertige Ausdrücke (das soll per definitionem heißen: Ausdrücke mit den Eigenschaften (1) und (2)) zugeordnet (der entscheidende Unterschied zu Ausdrücken des klassischen zweiwertigen Aussagenkalküls besteht darin, daß es, verursacht durch die dreiwertigen Belegungen des EAK, zwei Sorten von Aussagenvariablenanaloga gibt). Die oben angedeutete "Echtheit" der Teilmenge des Kreuzproduktes der Menge aller quasiklas sischen Ausdrücke mit sich selbst, die als Bildmenge von (S(A),T(A)) auftritt, wird gerade durch (5) charakterisiert. Anders ausgedrückt: Die Unverträglichkeit zweier quasiklassischer Ausdrücke H und K ist notwendig und hinreichend dafür, daß ein elementarer EAK-Ausdruck A existiert mit H ≡ S(A) und K ≡ T(A) bzw. (äquivalent dazu) H ≡ *A und K ≡ *-A. Die Notwendigkeit haben wir bereits gezeigt, die Hinlänglichkeit ergibt sich aus dem folgenden Satz, da jeder quasiklassische elementare EAK-

Ausdruck präsuppositionslos ist.

Satz (*Hinlänglichkeit der Bedingung* (5))

Für je zwei unverträgliche präsuppositionslose elementare EAK-Ausdrücke H und K existiert ein elementarer EAK-Ausdruck A derart, daß

$$H \equiv *A \quad \text{und} \quad K \equiv *{-A}$$

gilt.

Beweis

H und K seien laut Voraussetzung gegeben. Da H und K präsuppositionslos sind, gilt

$$H \equiv *H \quad \text{und } K \equiv *K,$$

und da sie unverträglich sind, gilt:

$H \wedge K$ ($\equiv *H \wedge *K$) ist kontradiktorisch.

Wir beweisen nun, daß

$$A = o(H \vee K) \wedge H$$

der gesuchte Ausdruck ist:

$$*A \equiv *(o(H \vee K) \wedge H) \equiv (*H \vee *K) \wedge *H \equiv *H \equiv H,$$

$$\begin{aligned}
*{-A} &\equiv *(o(H \vee K) \wedge -H) \equiv (*H \vee *K) \wedge *{-H} \\
&\equiv (*H \wedge *{-H}) \vee (*K \wedge *{-H}) \\
&\equiv (*K \wedge *{-H}) \\
&\equiv (*K \wedge *{-H}) \vee (*H \wedge *K) \quad \text{(da das rechte dieser beiden Glieder kontradiktorisch ist)} \\
&\equiv (*K \vee *H) \wedge (*K \vee *K) \wedge (*{-H} \vee *H) \wedge (*{-H} \vee *K) \\
&\equiv (*K \vee (*H \wedge *{-H})) \wedge *K \\
&\equiv *K \equiv K\ .
\end{aligned}$$

Der soeben geführte Beweis beschreibt ein Konstruktionsverfahren, von dem wir später noch Gebrauch machen werden, teils auch unter Ausnutzung der mit der Zweikomponentigkeit zusammenhängenden Eigenschaften, etwa bei der Herleitung des Allegationsfunktors im Abschnitt 3.4.

3. Zum Zusammenhang zwischen Negation und Präsupposition

3.1 Zum Präsuppositionsbegriff

3.1.1. Allgemeines. Negationstest und Normalbedingungen

Wie schon in der Einleitung bemerkt, ist das Thema Präsuppositionen ein Dauerbrenner in der linguistischen und logischen Literatur. Es ist schon so viel über Präsuppositionen geschrieben worden, daß wir uns hier des mühseligen Unterfangens entschlagen können, etwa einen historischen Abriß oder eine Gesamtschau der verschiedenen Präsuppositionsauffassungen darzubieten. Wir verweisen dazu auf einschlägige Sammelbände, Monographien und Artikel, etwa auf PETÖFI/FRANCK (1973), OH/DINEEN (1979), PINKAL (1985), MAX (1986) und VAN DER SANDT (1988) und beschränken uns hier auf das zur Einordnung des eigenen Ansatzes Nötige.

Obwohl, wie oben erwähnt, der Präsuppositionsbegriff schon so lange in der Diskussion ist, hat sich keineswegs eine einheitliche Auffassung über die Natur der Präsuppositionen, die Abgrenzung gegen andere sprachliche Erscheinungen und damit letztlich die Definition von Präsuppositionen herausgebildet. Folgerichtig gibt es auch eine Vielzahl von Ansätzen zur Darstellung und Behandlung von Präsuppositionen, insbesondere im Zusammenspiel mit der Negation. Das klassische, am häufigsten verwendete, aber inzwischen oft angegriffene und relativierte Kriterium zur Definition von Präsuppositionen ist das Negationskriterium, das - wie bereits an früherer Stelle erwähnt - die Präsuppositionen eines Satzes als die Folgerungen aus diesem Satz und seinem Negat definiert. Wir werden durch die Einführung formaler Korrekturmechanismen sichern, daß wir unserer Präsuppositionsdefinition weiterhin das Negationskriterium (im Sinne einer Negation unter *Normalbedingungen*) zugrunde legen können; dieses Vorgehen wird am Ende dieses Abschnitts noch durch zusätzliche Betrachtungen zu möglichen Modifikationen des Negationskriteriums Stützung erfahren.

Die Tatsache, daß in negierten Sätzen gewisse Präsuppositionen - die ja normalerweise laut Negationskriterium nicht von der Negation betroffen werden - unter gewissen Bedingungen auch von der Negation affiziert werden können, hat zu verschiedenen Erklärungsversuchen geführt, die sich in drei Gruppen einordnen lassen (wir betrachten zur Vereinfachung einmal nur den sprachlichen Negationsträger *nicht*):

(1) Es wird eine Skopusambiguität von *nicht*, das mit dem klassischen zweiwertigen Negationsfunktor interpretiert wird, angenommen. Enger Skopus entspricht präsuppositionsbewahrender Negation, weiter Skopus präsuppositionsaffizierender (zurückgehend auf RUSSELL (1905)).
(2) *nicht* wird als ambig zwischen zwei Lesarten angesehen, der präsuppositionsbewahrenden und der präsuppositionsaffizierenden, die beide als Negationsfunktoren im Rahmen einer mehrwertigen Logik interpretiert werden (3-wertig z.B. BLAU (1978), SEUREN (1980,1985); 4-wertig/2-dimensional z.B. BERGMANN (1981,1982)).
(3) *nicht* wird als grundsätzlich nicht ambig und als mit dem klassischen Negationsfunktor zu interpretieren angesehen; Präsuppositionen sind bei negierten Sätzen keine Folgerungen mehr, sondern durch Konversationsmaximen begründete Implikaturen (z.B. WILSON (1975), GAZDAR (1979)).

An dieser Stelle muß vermerkt werden, daß ein neuartiger logischer Ansatz zur Präsuppositionsbeschreibung von bemerkenswerter Ausdrucksfähigkeit in MAX (1986,1988) entwickelt worden ist. Die Erweiterung der klassischen zweiwertigen Aussagenlogik erfolgt hier nicht in der Semantik, sondern in der Syntax durch Einführung von *Funktorenvariablen*. Dadurch sind u.a. die 4-wertigen/2-dimensionalen Kalküle aus BERGMANN (1981,1982) und JUNG/KÜSTNER 1987) als Spezialfälle erfaßbar.

Wir wollen nun unseren Standort bestimmen, ohne uns dabei in eines der Schubfächer einzusortieren.

Wir gehen von der weithin akzeptierten Annahme aus, daß eine doppelte Asymmetrie zu konstatieren ist:

1. Präsuppositionen sind Folgerungen aus dem affirmativen Satz; beim negierten Satz können sie wegfallen.
2. Im negierten Satz ist die präsuppositionsbewahrende Lesart klar präferiert; die präsuppositionsbestreitende Lesart ist

auf spezielle Kontexte beschränkt.

Die Ansätze, die den Varianten (1) und (2) zuzurechnen sind und somit auf einer wie auch immer gearteten Ambiguitätshypothese aufbauen, haben den Mangel, daß sie die zweite Asymmetrie, die Präferenz der präsuppositionsbewahrenden Lesart der Negation, nicht erklären können. Die Ansätze des Typs (3) erklären diese Asymmetrie auf pragmatische Weise, während auf der Ebene der Semantik nur die erste Asymmetrie berücksichtigt wird. Der Mangel dieses Ansatzes ist, daß er damit nur das Phänomen der *suspendierbaren* Präsuppositionen erklären kann (dies gilt auch für die Ansätze (1) und (2)). Wir werden aber später sehen, daß durchaus nicht alle Arten von Präsuppositionen in negierten Sätzen durch geeignete Kontexte zurückgewiesen werden können.

Wir sind der Meinung, daß in allen diesen Ansätzen die Rolle des *Normalfalls* nicht genügend zum Tragen kommt, d.h., daß die Stärke der in der zweiten Asymmetrie konstatierten Präferenz nicht gebührend zur Ableitung von Folgerungen aus negierten Sätzen ausgenutzt wird. Unser auf spätere Anwendungen in der automatischen Sprachverarbeitung gerichteter Blick verlangt von uns, die folgenden Maximen zu berücksichtigen:

- Der Normalfall muß so einfach wie möglich behandelt werden.
- Es muß ermöglicht werden, so viele Inferenzen wie möglich nicht nur aus affirmativen, sondern auch aus negierten Sätzen zu ziehen.
- Präferente Lesarten, die bei neutralem Kontext gelten, sind so lange als gültige Analyseergebnisse zu betrachten, solange sie nicht falsifiziert werden.

Unter den Voraussetzungen der automatischen Sprachverarbeitung ist zudem die Präferenz des Normalfalls noch wesentlich höher anzusetzen als etwa im mündlichen Diskurs.

Aus allen diesen Gründen plädieren wir dafür, den logischen Formalismus voll auf den Normalfall zuzuschneiden und Präsuppositionen als Folgerungen sowohl aus dem affirmativen als auch aus dem negierten Satz zu behandeln. Die Präsuppositionssuspension erscheint dann als markierter Fall in vielerlei Hinsicht. Zum einen ist sie an *spezielle Kontexte* gebunden, zum anderen auch an *gewisse Präsuppositionsarten*, und schließlich entspricht ihr ein gewisser im Diskurs beabsichtigter *logischer Bruch*. Das alles scheint es uns zu rechtfertigen, die Präsuppositionssuspension auch auf eine in gewissem Sinn markierte Weise zu behandeln, nämlich durch einen speziellen, nicht wahrheitsfunktional beschreibbaren formalen Korrekturmechanismus, der wesentlich von der Existenz des Präsuppositionseinführungsfunktors 'o' in unserem Kalkül Gebrauch macht und die Möglichkeit der Differenzierung zwischen suspendierbaren und nichtsuspendierbaren Präsuppositionen bietet.

Eine nicht-wahrheitsfunktionale Behandlung der Präsuppositionssuspension und anderer Negationsphänomene schlägt DÖLLING (1988) vor, allerdings auf einer wesentlich anderen logischen Grundlage als der unseren (vgl. auch Anmerkung 10).

Unser Herangehen ist in gewisser Weise dem Ansatz (2) ähnlich (eine genauere Formulierung werden wir am Ende dieses Absatzes geben). Wir gehen von der Annahme aus, daß Präsuppositionsverletzungen zu einem von *wahr* und *falsch* zu unterscheidenden dritten Wahrheitswert führen (in Übereinstimmung mit den 3-wertigen, im Gegensatz zum 4-wertig/2-dimensionalen Ansatz von BERGMANN). Eine Interpretation des dritten Wahrheitswertes 0 als *Wahrheitswertlücke* ist wegen der Verwendung des Präsuppositionseinführungsfunktors 'o' und des Präsuppositionsbeseitigungsfunktors '*' in unserem Kalkül nicht möglich.

Das entscheidende, neuartige formale Mittel unseres Ansatzes ist der Präsuppositionseinführungsfunktor 'o'. Dieser Funktor macht den Unterschied zwischen Präsupposition und eigentlicher Bedeutung explizit, er ermöglicht - gemeinsam mit seinem Gegenstück, dem Präsuppositionbeseitigungsfunktor '*' - die Zurückführung der in dreiwertigen Logiken üblichen zwei Negationsfunktoren auf einen. Vor allem aber kann er differenziert benutzt werden. Zum einen wird durch seinen wahrheitsfunktionalen Gebrauch im Zusammenspiel mit dem Funktor '-' die Negation im Normalfall, die präsuppositionsbewahrende Negation, adäquat beschrieben. Zum anderen dient sein nicht-wahrheitsfunktionaler Gebrauch zur Erfassung des Ausnahmefalls, der Präsuppositionssuspension. Mit seiner Hilfe kann also die oben konstatierte doppelte Asymmetrie adäquat behandelt werden. Zusätzlich wird durch den mit seiner Hilfe beschriebenen Suspensionsmechanismus noch die Unterscheidung zwischen suspendierbaren und nichtsuspendierbaren Präsuppositionen ermöglicht, so daß der hier beschriebene Suspensionsmechanismus feiner differenzieren kann als ein auf der Substitution von präsuppositionsbewahrender durch die präsuppositionsaffizierende Negation beruhender Mechanismus.

Damit können wir nun die oben erwähnte Ähnlichkeit unseres Ansatzes mit den (2) zuzurechnenden (3-wertigen) Ansätzen etwas genauer bestimmen: Bei Verzicht auf die Differenzierungsmöglichkeit zwischen suspendierbaren und nichtsuspendierbaren Präsuppositionen in unserem Ansatz wäre der Suspensionsmechanismus auf das einfache Hinzufügen des Präsuppositionsbeseitigungsfunktors '*' zu reduzieren, was an späterer Stelle noch demonstriert wird. Dies entspräche der Ersetzung des Funktors der präsuppositionsbewahrenden Negation durch den Funktor der präsuppositionsaffizierenden Negation, also dem Vorgehen bei Ansätzen der Art (2) (zusätzlich wird bei uns jedoch noch die zweite Asymmetrie berücksichtigt).

Man könnte zusammenfassend sagen, daß in unserem Ansatz gewisse Aspekte aller drei oben erwähnten Arten von Präsuppositionsansätzen zusammengeführt worden sind: Die Dichotomie enger vs. weiter Skopus durch die Interaktion der Funktoren '-' und 'o' im Zusammenspiel mit dem Suspensionsmechanismus aus (1), die Bewertung von Präsuppositionsverletzungen mit einem dritten Wahrheitswert und damit die Verwendung einer 3-wertigen Logik aus (2) und die Idee von den suspendierenden Kontexten aus (3).

An dieser Stelle sind einige Bemerkungen zu einem in der vorliegenden Arbeit weitgehend ausgeklammerten, in der Präsuppositionsliteratur aber sehr ausführlich diskutierten Problem angebracht: dem Projektionsproblem oder anders ausgedrückt, dem Problem der Präsuppositionsvererbung. Hierbei handelt es sich um die Frage, wie sich die Präsuppositionen komplexer Sätze, z.B. solcher, die mit Hilfe sprachlicher Konnektoren oder durch Einbettung in modale Kontexte gebildet werden, aus den Präsuppositionen der zugrundeliegenden elementaren Sätze berechnen. Wir gehen von der Grundannahme aus, daß *im Normalfall* die Präsuppositionen der elementaren Sätze als Teilpräsuppositionen des komplexen Satzes vererbt werden (dies entspricht der sogenannten *Kumulativhypothese*), wobei die möglichen Ausnahmen, die oft auf einer logischen Interaktion zwischen Assertions- und Präsuppositionsbestandteilen beruhen - etwa in dem Fall, daß bei einer *wenn ... so*-Verknüpfung eine Präsupposition der Konklusio aus der Prämisse folgt - , durch einen geeigneten Sondermechansimus zu behandeln sind. Als logische Beschreibungsmittel für die Standardkonnektoren stehen uns die im Abschnitt 3.2 eingeführten präsupponierenden aussagenlogischen Funktoren zur Verfügung; die Behandlung der Ausnahmefälle könnte dann in Analogie zum in Kapitel 4 beschriebenen Suspensionsmechanismus geschehen.

Das Konzept von der normalen, Präsuppositionen nicht affizierenden Negation soll im folgenden Unterstützung erfahren durch einen Test, der u.E. der Intuition ein schärferes Werkzeug zur Bestimmung von Präsuppositionen in die Hand gibt, als der weithin verwendete Negationstest es ist.

Wenn man Testpersonen den Satz

(3.1-1) *Karl weckt Anna nicht.*

vorlegt, erhält man häufig die Auskunft, daß hieraus keineswegs folge

(3.1-2) *Anna schläft anfangs.*

Denn Satz (3.1-1) gestattet zum Beispiel die Fortsetzung

(3.1-3) *Sie ist ja schon wach.*

Danach ist entweder (3.1-2) keine Präsupposition von (3.1-1), oder das Negationskriterium hat versagt, oder man modifiziert das Negationskriterium gemäß der folgenden Überlegung, die schon in der Einleitung angedeutet wurde und die auch in PASCH (1989) angestellt wird:

PASCH zufolge ist (3.1-3) ein Kontext, der die Präsupposition (3.1-2) von (3.1-1) suspendiert, und es bedarf erst eines solchen suspendierenden Kontextes, um die Präsupposition außer Kraft zu setzen; solange keine ausdrückliche Suspension erfolgt, wird unter Voraussetzung der GRICEschen Maxime der Kooperativität von allen am Dialog Beteiligten angenommen, daß mit (3.1-1) auch (3.1-2) gemeint ist.

Dieser wichtige Beitrag zur Diskussion um die Präsuppositionen zieht die Frage nach sich, woran man suspendierende von nicht suspendierenden Kontexten unterscheidet (vgl. hierzu Kapitel 4, insbesondere Abschnitt 4.3).

Der Test, den wir hier vorschlagen, ist ebenfalls eine Modifikation des Negationskriteriums, verlangt aber nicht, daß erst zwischen suspendierenden und nicht suspendierenden Kontexten unterschieden wird. Er nutzt die Tatsache aus, daß bei bestimmten Einbettungen einer Proposition deren Präsuppositionen vor der Suspendierbarkeit geschützt werden. Zu diesen Einbettungen gehören aus Gründen, deren Darlegung jetzt zu weit vom Thema wegführen würde, auch die folgenden

(3.1-3) *Ich veranlasse, daß* A_1.

(3.1-4) *Daß* A_1, *hat zur Folge, daß* A_2.

Am Beispiel:

(3.1-5) *Ich veranlasse, daß Anna nicht aufwacht.*

(3.1-6) *Daß Anna nicht aufwacht, hat zur Folge, daß ...*

Sowohl nach unserer Intuition als auch nach der unserer Informanten implizieren (3.1-5) und (3.1-6), daß Anna anfangs schläft.

Dies ist zusätzliche Abstützung des Konzepts von der Normalnegation. Was die "Negation unter Normalbedingungen" bewirkt, ist hier erzwungen.

3.1.2. Beispiele für Präsuppositionsarten

Präsuppositionen, jedenfalls solche, die nach PASCH (1989) grammatisch induziert werden - und andere wollen wir hier nicht betrachten -, werden durch gewisse lexikalische Einheiten oder syntaktische Konstruktionen ausgelöst. Im folgenden wollen wir zunächst einige wichtige Arten von solchen Präsuppositionsauslösern mit entsprechenden Beispielen auflisten. (PINKAL (1985) spricht von "etwa 20 Typen lexikalischer und grammatischer 'Präsuppositionsträger'".) Die aufgeführten Präsuppositionsarten sind in der einschlägigen Präsuppositionsliteratur zu finden (siehe

Abschnitt 3.1.1). Wir werden nicht alle der aufgeführten Präsuppositionsarten im einzelnen untersuchen oder einer formalen Behandlung zuführen, sondern nur einige ausgewählte. Die etwas ausführlichere Auflistung der Präsuppositionsarten ist dennoch nützlich, zum einen zur Illustration der Vielgestaltigkeit des Präsuppositionsphänomens, vor allem aber für die vergleichenden Untersuchungen zum Problem der Präsuppositionssuspension in Kapitel 4. Wir benutzen hier '>>' als Zeichen für die Präsuppositionsrelation zwischen Sätzen gemäß dem Negationskriterium in unserem Sinne (vgl. Abschnitt 3.1.1).

(P1) Eigennamen:

(P1-1) *Kepler starb im Elend.*

>> *Es gibt/gab ein Individuum namens Kepler.*

(P2) Definite Kennzeichnungen:

(P2-1) *Der König von Frankreich ist kahlköpfig.*

>> *Es gibt (genau) einen König von Frankreich.*

(P3) Verben der Zustandsänderung (besser: Verben, in deren Bedeutung eine Zustandsänderung involviert ist):

(P3-1) *Es hat aufgehört zu regnen.*

>> *Es hat geregnet.*

(P3-2) *Karl hat Anna geweckt.*

>> *Anna hat geschlafen.*

Weitere Beispiele: *anfangen*, *beginnen*, *öffnen*, *schließen*, *verlassen*, *verlieren*, *schmelzen*, aber auch *bleiben* als Verneinung von *werden* (dazu später mehr in Kapitel 6).

(P4) Faktive Verben:

(P4-1) *Karl weiß, daß es regnet.*

>> *Es regnet.*

(P4-2) *Tom regrets that the goose has been killed.*

>> *The goose has been killed.*

Weitere Beispiele: *bedauern*, *bemerken*, *entdecken*

(P5) Cleft-Sätze:

(P5-1) *Es war Karl, der Anna weckte.*

>> *Jemand weckte Anna.*

(P5-2) *It was John, who killed the goose.*
  >> *Someone killed the goose.*

(P6) Kontrastakzent:

(P6-1) *KARL weckte Anna.*
  >> *Jemand weckte Anna.*

(P6-2) *Karl weckte ANNA.*
  >>*Karl weckte jemanden.*

(P7) Nicht-restriktive (appositive) Relativsätze:

(P7-1) *Karl, der (übrigens) heute als erster aufgestanden ist, hat Anna geweckt.*
  >> *Karl ist heute als erster aufgestanden.*

(P8) Gewisse Partikeln/Adverbien:

(P8-1) *Nur Hans fuhr nach Leipzig.*
  >> *Hans fuhr nach Leipzig.*

(P8-2) *Auch Hans fuhr nach Leipzig.*
  >> *Jemand fuhr nach Leipzig.*

Weitere Beispiele: *wieder, noch, sogar*

(P9) Quantoren:

(P9-1) *Alle Kinder von Hans schlafen.*
  >> *Hans hat Kinder.*

(P10) Selektionsbeschränkungen:

(P10-1) *Anna schläft.*
  >> *Anna ist ein Mensch oder ein Tier.*

(P10-2) *Die Mutter ist traurig.*
  >> *Die Mutter ist ein Mensch.* (Disambiguierung)

Weiterhin werden erwähnt: faktive Nebensätze (z.B. mit *weil*), kontrafaktive Konditionale, Possesivkonstruktionen, temporale Nebensätze, explikative Adjektivkonstruktionen, sonstige lexikalische Präsuppositionen (z.B. der berühmte *Junggeselle*).

Eine weitere Art von Konstruktionen, die im allgemeinen nicht zu den Präsuppositionsauslösern gerechnet werden, die aber gewisse Teile des Satzes von der Negation unter Normalbedingungen ausschließen können und in unserem Sinne ebenso wie Präsuppositionen zu behandeln sind, sind Modifikationen wie in den folgenden Beispielen:

(P11) Modifikationen:

(P11-1) *Karl hat das Buch für 10 Mark gekauft.*
>> *Karl hat das Buch gekauft.*

(P11-2) *Anna arbeitet auf eigenen Wunsch auswärts.*
>> *Anna arbeitet auswärts.*

Die in der Präsuppositionsliteratur am häufigsten (und auch historisch als erste) untersuchten Präsuppositionen sind zweifellos die Existenzpräsuppositionen (P1) und (P2); oft behandelt sind weiterhin Präsuppositionen von Verben der Veränderung (P3) und von faktiven Verben (P4). Bemerkenswert ist, daß sich die meisten Arbeiten zu Fragen der Präsuppositionssuspension auf Existenzpräsuppositionen oder Präsuppositionen von Verben der Veränderung, manchmal auch auf Präsuppositionen von faktiven Verben und spezielle lexikalische Präsuppositionen, beziehen.

Kaum beachtet worden ist bisher die Tatsache, daß die verschiedenen Präsuppositionsarten (P1) - (P11) in unterschiedlichem Maße anfällig für die Suspension sind. Auf dieses Problem werden wir in Kapitel 4 über Präsuppositionssuspension zurückkommen.

3.2 Formale Rekonstruktion der Präsuppositionsrelation im EAK

Im Abschnitt 3.1.1. haben wir deutlich gemacht, in welcher Weise wir das Negationskriterium unserer Präsuppositionsdefinition zugrunde legen. Dementsprechend werden wir nun den Präsuppositionsfunktor ebenso wie in JUNG/KÜSTNER (1987) durch eine dem strikten Negationskriterium entsprechende Äquivalenz im EAK definieren und der Möglichkeit der Präsuppositionssuspension durch einen speziellen formalen Korrekturmechanismus, der in Kapitel 4 beschrieben wird, Rechnung tragen.

<u>Definition</u> (*Präsuppositionsfunktor ==>*)

(3.2-1) $A \Longrightarrow B \equiv (A \longrightarrow B) \wedge (-A \longrightarrow B)$

Für den Funktor '==>' ergibt sich die folgende Wahrheitstafel:

==>	2	1	0
2	2	1	1
1	2	1	1
0	2	2	2

Nun definieren wir die Präsuppositionsrelation zwischen Ausdrücken des EAK.

<u>Definition</u> (*A präsupponiert B*)
A und B seien (elementare) Ausdrücke des EAK.
A *präsupponiert* B, falls A ==> B allgemeingültig ist.

Im folgenden wollen wir einige Beziehungen zwischen dem Funktor '==>' und den bereits früher eingeführten Funktoren des EAK aufzeigen. Zunächst ergibt sich wie in der früheren Version des EAK die Äquivalenz

(3.2-2) A ==> B ≡ (A v -A) --> B .

In JUNG/KÜSTNER (1987) war der Funktor der maximalen Präsupposition ⇑ so definiert, daß

A ≡ A v -A

galt. Die Beziehungen zwischen dem alten Funktor '⇑' und dem neuen Funktor '↥' der maximalen Präsuppositon werden durch die Äquivalenzen

(3.2-3) ↥ A ≡ * ⇑ A, ⇑ A ≡ o ↥ A

beschrieben. '↥' stellt gewissermaßen die präsuppositionsignorante, '⇑' die präsuppositionssensitive Variante eines Funktors der maximalen Präsupposition dar. Die Verwendung von '↥' gegenüber '⇑' wird sich später in gewissen Darstellungsvorteilen auszahlen. Beide Funktoren sind wechselseitig auseinander definierbar, und beide erfüllen die Anforderungen an einen Funktor der maximalen Präsupposition. Für '↥' sei dies im folgenden Satz zusammengefaßt.

<u>Satz</u> (*Eigenschaften der maximalen Präsupposition*)
Für beliebige Ausdrücke A, B des EAK gilt:

(3.2-4) ↥A ≡ *(A v -A)

(3.2-5) A ==> ↥A ε AG (A präsupponiert ↥A)

(3.2-6) A ==> B ≡ ↥A --> B (die Präsuppositionen von A sind die Folgerungen von ↥A)

Wir wollen im folgenden einige weitere Eigenschaften der Funktoren '==>' und '↥' aufzeigen.

Zunächst läßt sich leicht zeigen, daß ebenso wie in der in JUNG/KÜSTNER (1987) vorgestellten Version des EAK die *Kontrapositionsregel* und der *modus tollens*, die für die Folgerungsrelation gelten, für die Präsuppositionsrelation nicht gelten, während der *modus ponens* auch für die Präsuppositionsrelation gültig ist:

<u>A ==> B</u> (Kontrapositionsregel) Anm. 5
-B ==> -A

A ==> B
<u>-B</u> (modus tollens)
-A

gelten nicht allgemein.

A ==> B
<u>A</u> (modus ponens)
B

gilt allgemein.

Auf den Beweis kann hier verzichtet werden, da er sich vollkommen analog zu dem für die alte EAK-Version führen läßt.

Ein Ausdruck A und sein Negat -A haben die gleichen Präsuppositionen, da sich wegen --A ≡ A aus der Äquivalenz (3.2-1) ergibt:

-A ==> B ≡ A ==> B

Daß der Wahrheitswert 0 mit der Vorstellung "Präsupposition verletzt" korrespondiert, zeigt der folgende, leicht zu beweisende Satz.

<u>Satz</u> (*0 entspricht Präsuppositionsverletzung*)
Für jeden EAK-Ausdruck A und jede Belegung f sind die folgenden Aussagen äquivalent:

(a) f(A) = 0;

(b) Es gibt einen EAK-Ausdruck B mit

A ==> B ∈ AG und f(B) = 0

(eine Präsupposition von A ist verletzt);

(c) f(↥A) = 0

(die maximale Präsupposition von A ist verletzt).

Für EAK-Ausdrücke der Form A ≡ *B gilt ↥A ≡ $\underline{2}$ [Anm. 6] und folglich A ==> B ≡ B, d.h. solche Ausdrücke haben (außer allgemeingültigen Ausdrücken) keine Präsuppositionen – in Übereinstimmung mit der Vorstellung von den *präsuppositionslosen* Ausdrücken (die ja gerade durch den Funktor '*' erzeugt werden).

Im folgenden sollen noch einige Bemerkungen zu den definitorischen Beziehungen der folgenden Funktoren untereinander gemacht werden:

'==>'	*Präsupposition*
'↥'	*maximale Präsupposition*
'–'	*präsuppositionsbewahrende Negation*
'¬'	*präsuppositionsaffizierende Negation.*

Da die Funktorenmenge {–, o, *, ∧} vollständig ist (vgl. Abschnitt 2.3), können unter Benutzung von 'o', '*' und '∧' alle anderen oben angeführten Funktoren aus dem Funktor '–' definiert werden; die definierenden Äquivalenzen sind die folgenden (alle im folgenden angegebenen Äquivalenzen lassen sich mit Hilfe von Wahrheitstabellen verifizieren):

(3.2-1) A ==> B ≡ (A --> B) ∧ (–A --> B)

(3.2-7) ↥A ≡ *(A ∨ –A)

(3.2-8) ¬A ≡ –*A

Unter Benutzung von 'o' und '∧' sind aus '==>' und '¬' die Funktoren '↥' und '–' definierbar:

(3.2-9) ↥A ≡ ¬(A ==> $\underline{0}$)

Durch $A \Longrightarrow \underline{Q}$ wird übrigens der Funktor "A ist *inkorrekt*, eine Präsupposition von A ist verletzt", der dem Funktor '–' aus SEUREN (1985) entspricht, definiert.

(3.2-10) $-A \equiv o{\uparrow}A \wedge \neg A$

Ebenfalls unter Benutzung von 'o' und '∧' sind aus '↑' und '¬' die Funktoren '==>' und '–' definierbar:

(3.2-6) $A \Longrightarrow B \equiv {\uparrow}A \longrightarrow B$ ('-->' ist aus '¬' und '∧' definierbar: $A \longrightarrow B \equiv \neg(A \wedge \neg B)$)

(3.2-10) $-A \equiv o{\uparrow}A \wedge \neg A$

Die präsuppositionsbewahrende Negation entspricht also der Konjunktion aus präsuppositionsaffizierender Negation und maximaler Präsupposition, sie ist also nach MAX (1988) eine *primär beschränkte äußere Negation.*

Da wegen

(3.2-11) $*A \equiv \neg\neg A$

'*' aus '¬' definiert werden kann, sind somit auch die folgenden Funktorensysteme vollständig:

$\{\neg, o, -, \wedge\}$,
$\{\neg, o, \Longrightarrow, \wedge\}$,
$\{\neg, o, \uparrow, \wedge\}$.

In dieser Aussage zeigt sich die definitorische Dualität von Negation und Präsupposition: Unter Voraussetzung der Funktoren '¬' (präsuppositionsaffizierende Negation), 'o' (Präsuppositionsmarkierung) und '∧' (Konjunktion) reicht die Hinzunahme des Funktors '–' der präsuppositionsbewahrenden Negation oder eines der Präsuppositionsfunktoren '==>', '↑', um die funktionale Vollständigkeit (und damit natürlich auch die Definierbarkeit der anderen genannten Funktoren) zu erreichen.

Nun wenden wir uns dem Problem zu, welche Präsuppositionen zusammengesetzte Ausdrücke haben. Für die einstelligen Funktoren gelten zunächst die folgenden Äquivalenzen:

(3.2-12) ↥-A ≡ ↥A

(3.2-13) ↥□A ≡ *□A

(3.2-14) ↥*A ≡ $\underline{2}$

(3.2-15) ↥¬A ≡ $\underline{2}$

(3.2-16) ↥↥A ≡ $\underline{2}$

Bei den zweistelligen Funktoren gilt:

(3.2-17) ↥(A ∧ B) ≡ ↥A ∧ ↥B

(3.2-18) ↥(A ∨ B) ≡ ↥A ∨ ↥B

(3.2-19) ↥(A --> B) ≡ $\underline{2}$

(3.2-20) ↥(A <-> B) ≡ $\underline{2}$

Den Äquivalenzen für die einstelligen Funktoren entsprechen auch intuitiv plausible Zusammenhänge; sie lassen sich etwa so paraphrasieren:

(3.2-12) Ein Ausdruck und sein Negat haben die gleiche maximale Präsupposition.

(3.2-13) Die maximale Präsupposition eines als Präsupposition markierten Ausdrucks ist im wesentlichen er selbst.

(3.2-14), (3.2-15) Präsuppositionsignorante Ausdrücke haben keine (maximale) Präsupposition.

(3.2-16) Die maximale Präsupposition (im Sinne von '↥ ') ist präsuppositionslos.

Die Äquivalenzen für die zweistelligen Funktoren sind dagegen bis auf (3.2-17) nicht so intuitionsfreundlich. (3.2-17) besagt, daß die maximale Präsupposition einer Konjunktion die Konjunktion der maximalen Präsuppositionen der einzelnen Konjunkte ist, was sowohl vom logischen als auch vom linguistischen Standpunkt aus plausibel ist. Wir gehen davon aus, daß der in der Logik zu beschreibende Standardfall für die Berechnung der maximalen Präsupposition aussagenlogisch zusammengesetzter Ausdrücke der ist, daß ebenso wie bei der Konjunktion die maximalen Präsuppositionen beider Konjunkte präsupponiert werden. Nach (3.2-18) - (3.2-20) wären aber z.B. Implikationen und Äquivalenzen stets präsuppositionslos. Dies aber widerspricht z.B. einer der Grundannahmen über Präsuppositionen, nämlich, daß sie bei Konditionalisierung erhalten bleiben. Der Funktor '-->', und ebenso die Funktoren 'v' und '<->' sind also offenbar für elementare logische Definitionen tauglich, nicht aber als (einzige) logische Entsprechungen für natürlichsprachige Konnektoren.

Um die obige Forderung an die maximale Präsupposition aussagenlogisch zusammengesetzer Ausdrücke zu erfüllen, suchen wir Funktoren '$\vee_p$' , '$\dashrightarrow_p$' und '$\leftrightarrow_p$' , die folgende Eigenschaften haben:

(3.2-21) $$*(A \vee_p B) \equiv *(A \vee B),$$
$$*(A \dashrightarrow_p B) \equiv *(A \dashrightarrow B),$$
$$*(A \leftrightarrow_p B) \equiv *(A \leftrightarrow B).$$

(3.2-22) $$\uparrow(A \vee_p B) \equiv \uparrow A \wedge \uparrow B,$$
$$\uparrow(A \dashrightarrow_p B) \equiv \uparrow A \wedge \uparrow B,$$
$$\uparrow(A \leftrightarrow_p B) \equiv \uparrow A \wedge \uparrow B.$$

Die neu zu definierenden Funktoren (eigentlich: die ihnen entsprechenden Wahrheitsfunktionen) sollen also für die "klassischen" Wahrheitswerte 2 und 1 mit v, '-->' bzw. '<->' übereinstimmen, ihre maximalen Präsuppositionen sollen denen des Funktors '∧' entsprechen, d.h., sobald eines der Argumente den Wert 0 hat, soll der Wert des Gesamtausdrucks gleich 0 sein.

Aus den Forderungen (3.2-21) und (3.2-22) ergeben sich mit Hilfe des *Darstellungssatzes* für elementare EAK-Ausdrücke (vgl. Abschnitt 2.4) die folgenden Äquivalenzen:

$$A \vee_p B \equiv o(\uparrow A \wedge \uparrow B) \wedge *(A \vee B),$$
$$A \dashrightarrow_p B \equiv o(\uparrow A \wedge \uparrow B) \wedge *(A \dashrightarrow B),$$
$$A \leftrightarrow_p B \equiv o(\uparrow A \wedge \uparrow B) \wedge *(A \leftrightarrow B).$$

Man überlegt sich leicht, daß die Äquivalenzen auch gelten, wenn die Sternchen auf den rechten Seiten weggelassen werden, so daß wir als definierende Äquivalenzen für die Funktoren '$\vee_p$', '$\dashrightarrow_p$' und '$\leftrightarrow_p$' die folgenden benutzen können:

<u>Definition</u> (*präsupponierende Pendants zu* v, -->, <->)

(3.2-23) $$A \vee_p B :\equiv o(\uparrow A \wedge \uparrow B) \wedge (A \vee B)$$

(3.2-24) $$A \dashrightarrow_p B :\equiv o(\uparrow A \wedge \uparrow B) \wedge (A \dashrightarrow B)$$

(3.2-25) $$A \leftrightarrow_p B :\equiv o(\uparrow A \wedge \uparrow B) \wedge (A \leftrightarrow B)$$

Die Funktoren 'v_p' , '$-->_p$' und '$<->_p$' (eigentlich: die ihnen entsprechenden Wahrheitsfunktionen) haben dann die folgenden Wahrheitstafeln:

v_p	2	1	0
2	2	2	0
1	2	1	0
0	0	0	0

$-->_p$		1	0
2	2	1	0
1	2	2	0
0	0	0	0

$<->_p$	2	1	0
2	2	1	0
1	1	2	0
0	0	0	0

Für den Funktor '$-->_p$' sei die Rechnung hier kurz vorgeführt:

• $A -->_p B :\equiv$ o (↥ A $\wedge$ ↥ B) $\wedge$ (A --> B)

A	B	o	↥ A	$\wedge$	↥ B	$\wedge$	(A --> B)
		.				:	.
2	2	2	2	2	2	2	2
2	1	2	2	2	2	1	1
2	0	0	2	1	1	0	1
1	2	2	2	2	2	2	2
1	1	2	2	2	2	2	2
1	0	0	2	1	1	0	2
0	2	0	1	1	2	0	2
0	1	0	1	1	2	0	2
0	0	0	1	1	1	0	2

Für das Funktorensystem $\{\neg,\wedge,v\}$ galten nicht alle aus der klassischen zweiwertigen Aussagenlogik bekannten Rechenregeln, z.B. war $\neg\neg A \not\equiv A$ und folglich ließ sich auch nicht die übliche Definition von 'v' durch '$\wedge$' und '$\neg$' aus den De Morganschen Regeln ableiten (vgl. Abschnitt 2.2). Das Funktorensystem $\{-,\wedge,v_p\}$ besitzt den Vorzug, daß die bekannten klassischen Rechenregeln gelten, also neben den schon für $\{\neg,\wedge,v\}$ geltenden noch:

(3.2-26) $--A \equiv A$,

(3.2-27) $A\ v_p\ B \equiv -(-A \wedge -B)$,

(3.2-28) $A \wedge B \equiv -(-A\ v_p\ -B)$,

sowie natürlich

(3.2-29) $A \dashrightarrow_p B \equiv -A \vee_p B$,

(3.2-30) $A \leftrightarrow_p B \equiv (A \dashrightarrow_p B) \wedge (B \dashrightarrow_p A)$.

Die hier eingeführten präsupponierenden aussagenlogischen Funktoren werden später gewinnbringend bei der Darstellung von *Allegation* und *Annegation* (Abschnitt 3.4) sowie bei den präsuppositionssensitiven Semembeschreibungen (Kapitel 7) angewandt werden.

3.3. Zum formalen Zusammenhang zwischen Präsupposition und eigentlicher Bedeutung

Präsuppositionssensitive Ausdrücke wollen wir nicht nur hinsichtlich ihrer Präsuppositionen einer logischen Analyse unterziehen (dies war der Inhalt von Abschnitt 3.2.), sondern auch hinsichtlich dessen, was unter ihrer "eigentlichen Bedeutung" verstanden werden könnte. Dem wollen wir uns im folgenden Abschnitt zuwenden, und wir werden sehen, daß der Begriff der eigentlichen Bedeutung logisch schwerer faßbar ist als der der Präsupposition.

Wir betrachen analog zu der bereits untersuchten Relation

(3.3-1) "B ist (eine) Präsupposition von A",

für die wir im Abschnitt 3.2 den Funktor '==>' definiert haben, die Relation

(3.3-2) "B ist (eine) eigentliche Bedeutung von A"

und werden weiter unten auch für sie einen entsprechenden Funktor definieren. Es wird sich aber zeigen, daß gewisse logische Zusammenhänge, die für (3.3-1) nachweisbar waren, für (3.3-2) nicht mehr gelten.

Die Definition für die Relation (3.3-2) entnehmen wir, wie auch im nächsten Abschnitt die Definition für den *Allegations*begriff, HAJIČOVA (1984):156.

(3.3-3) "A is (part of the) meaning proper of B, if B entails A and not-B entails not-A"

Um Mißverständnissen bei der weiteren Lektüre vorzubeugen, sei hier noch ein Wort über präsuppositionssensitive versus präsuppositionslose Betrachtungsweise gesagt. Wie im Abschnitt 2.1.2 unter (2) schon angedeutet, bietet der EAK die Möglichkeit, wesentliche Zusammenhänge zwischen beiden explizit zu machen.

Wenn zu einer Proposition A eine zweite betrachtet und zwischen beiden das Bestehen einer Relation wie (3.3-1) oder (3.3-2) konstatiert wird, so hat man generell davon auszugehen, daß neben A auch P bzw. E seinerseits wiederum präsuppositionshaltig ist. Kommen wir noch einmal auf das Beispiel

(3.3-3) *x wacht auf.*

mit der Präsupposition

(3.3-4) *x hat bisher geschlafen.*

zurück. Die durch (3.3-4) ausgedrückte Proposition A hat ihrerseits die Präupposition P, daß die Entität, von deren Aufwachen die Rede ist, eine lebende Person oder ein lebendes Tier ist. Dessenungeachtet entspricht in der logischen Repräsentation von *x wacht auf* der Präsupposition *x hat bisher geschlafen* ein präsuppositions*loser* Ausdruck. Dies ist so zu erklären, daß innerhalb eines dreiwertig zu interpretierenden Ausdrucks wohl zwischen präsupponierten und assertierten Bedeutungsbestandteilen unterschieden werden kann, nicht aber zwischen Präsuppositionen verschiedener Tiefe.Anm. 7 Der Ausdruck P wird beim Eintritt als Teilausdruck in den Ausdruck A sozusagen abgeflacht zur Präsuppositionslosigkeit: Er ist insgesamt zur Präsupposition innerhalb A geworden; nichts in ihm gehört zur Assertion von A. Wir verdeutlichen diesen Zusammenhang durch Paraphrasierung anhand des benutzten Beispiels: Eine die Präsupposition innerhalb der Präsupposition kenntlich machende Paraphrasierung wäre

x wacht auf, wobei vorausgesetzt wird, daß x bisher geschlafen hat, wobei wiederum vorausgesetzt wird, daß x Mensch oder Tier und lebendig ist,

und eine die Abflachung innerhalb der Präsupposition kenntlich machende Paraphrasierung wäre

x wacht auf, wobei vorausgesetzt wird, daß x Mensch oder Tier und lebendig ist und bisher geschlafen hat.

Der Vergleich der beiden Paraphrasen macht deutlich, daß die "Abflachung" durchaus die Intuition auf ihrer Seite hat.

Eine innerhalb der Präsuppositionen von A noch abstufende Betrachtungsweise ist nur um den Preis des Hinausgehens über die dreiwertige Logik zu haben. Wir gehen hier nicht den bei SEUREN (1985) angedeuteten Weg der Hinzunahme weiterer Wahrheitswerte. Dieser Weg wird dort in einem Anhang von WIJTERS definitorisch vorgeführt, aber nicht linguistisch angewandt. Dies dürfte mit großer formaler Kompliziertheit verbunden sein.

Formal wird die "Abflachung" innerhalb des präsupponierten Teils P dadurch geleistet, daß P im Skopus des Funktors 'o' zu stehen kommt:

$$A \equiv o\, P \wedge E\ .$$

Richten wir nun unseren zwischen präsuppositionssensitiver und präsuppositionsignoranter Betrachtungsweise differenzierenden Blick auf den "assertierten" Teil, auf den Teil "der eigentlichen Bedeutung" einer Proposition A. Gibt es hier einen analogen "Abflachungs"mechanismus? Sind also alle Bestandteile der eigentlichen Bedeutung wieder eigentliche Bedeutung und in keinem Falle Präsuppositionen?

Man sieht leicht ein, daß beide Fragen zu verneinen sind. Daß Teilkonjunkte der eigentlichen Bedeutung nicht wieder eigentliche Bedeutung, sondern *Allegation* des Gesamtausdrucks sind, wird im folgenden Abschnitt gezeigt werden. Daß im allgemeinen aus der eigentlichen Bedeutung gegebenenfalls noch ein präsuppositionaler Teil P' separiert werden und der bereits ausgemachten Präsupposition P zugeschlagen werden kann, sieht man folgendermaßen:

Wenn $A \equiv o\, P \wedge E$ und

$E \equiv o\, P' \wedge E'$, so

$A \equiv o\, (P \wedge P') \wedge E'$.

Der Funktor für die eigentliche Bedeutung kann nun entsprechend (3.3-3) analog zum Präsuppositionsfunktor definiert werden:

(3.3-4) $A \mathrel{++>} B \equiv (A \dashrightarrow B) \wedge (-A \dashrightarrow -B)$

Dieser Funktor hat die folgende Wahrheitstafel:

A ++> B		(A --> B) $\wedge$ (- A --> - B)				
2	2	2	2	1	2	1
2	1	1	1	1	2	2
2	0	1	1	1	2	0
1	2	2	1	2	1	1
1	1	2	2	2	2	2
1	0	2	1	2	1	0
0	2	2	2	0	2	2
0	1	2	2	0	2	1
0	0	2	2	0	2	0

Damit kann im EAK die Relation (3.3-2) folgendermaßen definiert werden:

Definition (*eigentliche Bedeutung*):
B ist eigentliche Bedeutung von A, falls A ++> B allgemeingültig ist.

Man sieht anhand der obigen Wahrheitstafel sofort, daß B genau dann eigentliche Bedeutung von A ist, wenn für alle Belegungen f gilt:

(3.3-5) a) Wenn f(A) = 2 , so f(B) = 2;
b) wenn f(A) = 1 , so f(B) = 1.

Oder anders ausgedrückt:

Folgerung:
Für alle EAK-Ausdrücke A und B gilt:
$$A \text{ ++> } B \equiv (A \leftrightarrow_p B) \vee -\dagger A .$$

Wir wollen uns nun noch überlegen, ob es analog zum Funktor '†' auch einen Funktor der "maximalen eigentlichen Bedeutung" mit den gleichen Eigenschaften, also zu (3.2-5) und (3.2-6) analogen Äquivalenzen, geben kann. Aus (3.3-5) ergibt sich zunächst, daß dafür nur die folgenden Funktoren in Frage kommen:

A	EB1(A)	EB2(A)	EB3(A)
2	2	2	2
1	1	1	1
0	0	1	2

Man sieht leicht, daß

EB1(A) ≡ A , EB2(A) ≡ *A und EB3(A) ≡ ↥A --> (*)A

gilt.

Dabei ist A, das trivialerweise auch als eigentliche Bedeutung von sich selbst erfaßt wird (schon das verdeutlicht die Problematik der Definition von *meaning proper*), sicherlich unerwünscht; es bleiben *A als *maximale eigentliche Bedeutung* und ↥A --> *A als *minimale eigentliche Bedeutung*. Diese beiden Funktoren erfüllen also eine (3.2-5) analoge Aussage:

(3.3-6) A ++> *A ∊ AG,
A ++> (↥A --> *A) ∊ AG.

Wie sieht es aber mit dem Analogon zu (3.2-6) aus? Man macht sich leicht klar, daß ein solches für keinen der beiden Funktoren gelten kann:

(3.3-7) A ++> B ≢ *A --> B,
A ++> B ≢ (↥A --> B) --> B.

Wenn nämlich A den Wert 1 hat, müssen auch *A und (↥A --> *A) den Wert 1 haben; folglich müßte in diesem Fall stets A ++> B den Wert 2 haben, im Widerspruch zur Wahrheitstafel für ++>.

Nachdem wir eben gesehen haben, daß die eigentlichen Bedeutungen von A nicht mit den Folgerungen aus der maximalen eigentlichen Bedeutung übereinstimmen, wollen wir noch zeigen, daß man leicht Beispiele finden kann, bei denen weder die maximale, noch die minimale eigentliche Bedeutung das wiedergeben, was mit *der* eigentlichen Bedeutung intendiert ist.

Dazu betrachten wir den Standardfall, daß ein Ausdruck A aus zwei präsuppositionslosen Ausdrücken folgendermaßen zusammengesetzt ist:

A ≡ o H ∧ K

Dann ist die maximale Bedeutung äquivalent mit H ∧ K und die minimale Bedeutung äquivalent mit H --> K. Es könnte nun aber gerade K das sein, was mit der *eigentlichen Bedeutung* von A intendiert ist. K ist aber logisch nicht aus o H ∧ K rekonstruierbar!

Wir wollen dies zum Abschluß noch an einem Beispiel deutlich machen: Wir betrachten das Lexem *schwanger* und vereinfachen die Darstellung für diese Betrachtung derart, daß wir auf die Individuenvariablen verzichten, uns also ganz innerhalb des elementaren EAK bewegen. Die maximale Präsupposition von /schwanger/ ist dann /Frau/, die eigentliche Bedeutung ein Merkmal wie GRAVID, das sowohl auf schwangere Frauen als auch auf trächtige Tiere zutrifft:

A = /schwanger/ ≡ o(HUM'B ∧ FEMALE) ∧ GRAVID.

Logisch ableitbar aus A sind aber nur die maximale und die minimale eigentliche Bedeutung:

*A ≡ HUM'B ∧ FEMALE ∧ GRAVID ,

↥A --> *A ≡ (HUM'B ∧ FEMALE) --> GRAVID,

die wohl beide nicht das treffen, was mit der eigentlichen Bedeutung von *schwanger* intendiert ist. Damit dürfte auch die eingangs genannte schwere Faßbarkeit der eigentlichen Bedeutung demonstriert sein.

3.4. Abgeleitet aus der Präsupposition: Allegation, Annegation und Adäquivalenz

Zu der Dichotomie von Präsupposition und "eigentlicher Bedeutung" hat HAJIČOVA Anfang der 70er Jahre den Begriff *Allegation* hinzugefügt und ihn durch folgendes Kriterium beschrieben:

(3.4-1) "A is an allegation of B, if B entails A and not-B entails neither A nor not-A." (HAJIČOVA (1984):156)

HAJIČOVA (a.a.O.) gibt das Beispiel

Harry didn't cause our victory.

und erläutert: Aus diesem Satz folgt weder, daß wir siegten, noch, daß wir nicht siegten. Aus der entsprechenden Assertion *Harry caused our victory* folgt, daß wir siegten. Daher ist *Wir siegten* Allegation von *Harry caused our victory.*

Dem Allegationsbegriff ist bisher unverdientermaßen wenig Beachtung geschenkt worden. Er fand keinen Platz zwischen dem viel im Munde geführten Begriffspaar Präsupposition und eigentliche Bedeutung. Im EAK erhält die Allegation ihren logischen Platz zugewiesen und erweist sich als ein überaus nützliches Hilfsmittel für die präsuppositionssensitiven Semembeschreibungen.

Beispiele dafür werden wir in den Kapiteln 6 und 7 kennenlernen. In diesem Abschnitt wird die logische Problematik der Allegation behandelt, und es werden "Rechenregeln" bereitgestellt. Wir zeigen auch, wie sich die Allegation *auf die Präsupposition zurückführen läßt.* Der Grundgedanke dafür ist folgender:

(3.4-2) Wenn B eine Allegation von A ist, so ist die Implikation
'Wenn A, so B'
eine Präsupposition von A.

Wir bereiten jetzt die Definition eines Allegationsfunktors durch mehrere Bemerkungen vor.

Die Allegation ist in einem bestimmten Sinne logisch weniger gut greifbar als die Präsupposition, und zwar in folgendem Sinne. Nach der von uns benutzten Formalisierung der Präsupposition ist B genau dann Präsupposition von A, wenn der Ausdruck ((A v -A) --> B) allgemeingültig ist. Ein Kriterium der Form

(3.4-3) "B ist Allegation von A genau dann, wenn der Ausdruck (...) allgemeingültig ist"

gibt es jedoch nicht. Und damit gibt es auch keinen Allegations-Funktor in dem Sinne, wie wir (vgl. Abschnitt 3.2) für die Präsupposition den Funktor '==>' haben, der gerade durch obigen Ausdruck ((A v -A) --> B) charakterisiert ist. Wir werden jetzt sehen, warum nicht.

Gegeben seien zwei elementare oder zwei allgemeine (also: zwei mit Wahrheitswerten belegbare) A und AL des EAK. Wir betrachten die möglichen Wahrheitswertkombinationen: Im Maximalfall, wenn A und AL voneinander unabhängig sind, sind es die folgenden:

A	2 2 2	1 1 1	0 0 0
AL	2 1 0	2 1 0	2 1 0

Wir zeigen jetzt, wie sich die dreiteilige Bedingung (3.4-1) äquivalent durch Aussagen über Wahrheitswertkombinationen ausdrücken läßt, wobei wir für 'entails' den durch die Allgemeingültigkeit von A-->B definierten Folgerungsbegriff benutzen, die HAJIČOVAsche Definition also so formulieren:

(3.4-4) AL ist Allegation von A genau dann, wenn aus A AL folgt und aus -A weder AL folgt noch -AL folgt.

Nun gilt:

(1) Die Bedingung, daß aus A AL folgt, bedeutet: Wenn bei einer Belegung f A den Wahrheitswert 2 annimmt, muß AL ebenfalls den Wert 2 annehmen. Hat A den Wert 1 oder den Wert 0, so kann AL einen beliebigen Wert haben.

(2) Die Bedingung, daß aus -A nicht AL folgt, bedeutet: Es muß eine Belegung f geben, die für -A den Wert 2 und für AL einen von 2 verschiedenen Wahrheitswert liefert.

(3) Die Bedingung, daß aus -A nicht -AL folgt, bedeutet: Es muß eine Belegung g geben, die für -A den Wert 2 und für -AL einen von 2 verschiedenen Wert liefert.

Wir fassen diese Aussagen zusammen im

<u>Wahrheitswertkriterium für die Allegation</u>.

Für jedes Paar A, AL von elementaren oder von allgemeinen EAK-Ausdrücken gilt: AL ist Allegation von A genau dann, wenn

(a) für jede Belegung f gilt:

wenn f(A) = 2, so f(AL) = 2,

(b) es gibt Belegungen f und g mit

$(f(A),f(AL)) \in \{(1,0),(1,1)\}$

und $(g(A),g(AL)) \in \{(1,0),(1,2\}$.

Wir veranschaulichen das Kriterium, indem wir in die Liste der maximal möglichen Wahrheitswertpaare Informationen eintragen:

A	2 2 2	1 1 1	0 0 0	e = erlaubte Wertpaare
				v = verbotene Wertpaare
AL	2 1 0	2 1 0	2 1 0	n = nötige Wertpaare
	e v v	n n e	e e e	(2 Varianten)
	e v v	e e n	e e e	

Aus dem Wahrheitswertkriterium ist ersichtlich, warum es für die Allegation keinen Funktor geben kann, der nach dem Schema (3.4-3) definiert wäre: Es liegt daran, daß das Kriterium nicht nur eine über *alle* Belegungen quantifizierte Aussage enthält, sondern auch die *Existenz* bestimmter Belegungen verlangt.

Es braucht aber dennoch nicht auf den formalen Umgang mit der Allegation verzichtet zu werden. Wir zeigen anschließend, daß sich ein Allegationsfunktor '//' auf etwas andere Weise definieren läßt: Ein Ausdruck der Form B//AL ist dabei nicht als 'AL ist Allegation von B' zu interpretieren, sondern als 'AL ist Allegation von B//AL'.

Bevor wir zur Definition des Funktors '//' kommen, bedarf es noch zweier Bemerkungen.

Erstens: Die Bedingung (3.4-4) ist gleichwertig mit:

(3.4-5) AL ist Allegation von A genau dann, wenn aus *A *AL folgt und aus *-A weder *AL folgt noch *-AL folgt.

Damit haben wir eine "quasiklassisch" formulierte und für die folgende Funktordefinition leichter als (3.4-4) handhabbare Reformulierung von (3.4-1).

Zweitens: Wir treffen noch eine Festlegung. In bezug auf die Bedingung "Aus -A folgt weder AL noch -AL" in (3.4-4) stellt sich die Frage, ob sie so eingeschränkt werden soll, daß aus -A doch wenigstens AL v -AL, also die maximale Präsupposition von A, folgen soll. Dies entspräche dem Fall der Anwendung der Allegation auf die Semembeschreibungen in Kapitel 7, wo wir die in Kapitel 5 und 6 dargelegte *unter der Normalnegation invariante Ereignis-Grundstruktur* verwenden. Am obigen Beispiel: Auch aus dem negativen Satz *Harry didn't cause our victory*, folgt unter

Normalbedingungen, d.h. solange kein Suspensionsmechanismus wirkt, daß ein Ereignis unseres Siegens oder Nicht-Siegens stattfand.

Wir wollen deshalb in dieser Arbeit die Allegation mit der Zusatzannahme verbinden, daß aus -A die maximale Präsupposition von -AL folgt. Sie bewährt sich hier; ob sie generell gefordert werden soll, mag noch zur Debatte stehen. Die Definition für den Allegationsfunktor trägt der Zusatzannahme Rechnung. Eine Funktordefinition, die sie nicht voraussetzt, ist möglich.

Wir gehen also statt (3.4-5) von folgender Bedingung aus:

(3.4-6) Im folgenden benutzen wir die abgeänderte Definition, daß AL Allegation von A genau dann ist, wenn
aus *A *AL folgt,
aus *-A weder *AL folgt noch *-AL folgt,
aus *-A aber wenigstens ↥AL folgt.

Für das Wahrheitswertkriterium der Allegation bedeutet das die Änderung, daß das Wertepaar (f(A),f(AL)) = (1,0) für jedes f verboten wird. Die geänderte Fassung siehe Anm. 8.

Nun zur Definition des Funktors '//'. Wir gehen folgendermaßen vor. Es seien B und AL zwei EAK-Ausdrücke. Der Funktor '//' soll so beschaffen sein, daß, wenn A :≡ B//AL ist, die Bedingung (3.4-6) erfüllt ist. AL soll Allegation von A sein und B der Bedeutungs"rest" in folgendem Sinne:

$$*A \equiv *B \wedge *AL \;, \qquad *-A \equiv *-B \wedge ↥AL.$$

Um aus diesen Vorgaben A zu ermitteln, erinnern wir uns an den Satz von der Zweikomponentigkeit der Wahrheitswerte vom Ende des Kapitels 2, der uns jetzt zustatten kommt. Wir können den Wahrheitswertvektor für A zeilenweise gemäß der Aussage dieses Satzes aus den beiden mit 'v' gekennzeichneten Spalten für *A und *-A der folgenden Wahrheitstafel zusammensetzen und erhalten damit den definierenden Wahrheitswertvektor für den *Allegationsfunktor '//'*:

		*A			*-A				Definition
B	AL	*B	∧ / ∨	*AL	*-B	∧ / ∨	*AL		B // AL
2	2	2	2	2	1	1	2	(2,1)	2
2	1	2	1	1	1	1	2	(1,1)	0
2	0	2	1	1	1	1	1	(1,1)	0
1	2	1	1	2	2	2	2	(1,2)	1
1	1	1	1	1	2	2	2	---(1,2)--->	1
1	0	1	1	1	2	1	1	(1,1)	0
0	2	1	1	2	1	1	2	(1,2)	0
0	1	1	1	1	1	1	2	(1,1)	0
0	0	1	1	1	1	1	1	(1,1)	0

Mit dem so gewonnenen Allegationsfunktor '//' läßt sich jede Allegation darstellen, aber nicht jede Darstellung mit '//' liefert eine Allegation. Das liegt in der Natur der Allegation: Für sie ist, wie wir gesehen haben, die Existenz zweier bestimmter Wahrheitswertkombinationen notwendig. Es gilt

<u>Satz</u>

(1) Wenn C Allegation von A ist, so gibt es einen Ausdruck B mit A ≡ B//C .

(2) In einem Ausdruck der Form B//C ist C genau dann Allegation von B//C, wenn es Belegungen f und g mit f(B)=1, f(C)=2, g(B)=1 und g(C)=1 gibt.

Der <u>Beweis</u> von (2) ist leicht mit Hilfe des Wahrheitswertkriteriums der Allegation aus Anmerkung 8 zu führen. Für den Beweis von (1) nehmen wir an, C sei Allegation von A. Der Ausdruck B := (A∧C) leistet das Verlangte, d.h., es gilt A ≡ (A∧C)//C. Entscheidend bei dieser Äquivalenz - sie gilt nicht allgemein - ist die Voraussetzung, daß C Allegation von A ist. Wir sehen das Nötige in der folgenden Wahrheitstafel. Die Wahrheitswertkombinationen, die ausgeschlossen sind, weil C Allegation von A ist, sind gestrichen. Die nicht gestrichenen Zeilen liefern die Äquivalenz von (A∧C)//C mit A.

A	C	(A ∧ C)	// C
			v
2	2	2	2
~~2~~	~~1~~	~~1~~	~~1~~
~~2~~	~~0~~	~~0~~	~~0~~
1	2	1	1
1	1	1	1
~~1~~	~~0~~	~~0~~	~~0~~
0	2	0	0
0	1	0	0
0	0	0	0

Ein Beispiel für einen Ausdruck der Form B//C, wo C nicht Allegation von B//C ist, ist der Ausdruck (o p)//q.

Ein Beispiel für nicht durch '//' ausgedrückte Allegationen liefert der Ausdruck $p \wedge q$: Sowohl p als auch q ist Allegation von $p \wedge q$. Es geht auch mit '//': Es ist $p \wedge q \equiv (p \wedge q)//q \equiv (p \wedge q)//p$

Wir geben jetzt die formale Zurückführung der Allegation auf die Präsupposition an und damit eine definierende Äquivalenz für den schon semantisch interpretierten Funktor '//'. Der Grundgedanke (3.4-2) findet in ihr seinen direkten Ausdruck:

(3.4-7) $A \mathbin{//} AL \equiv o(A \dashrightarrow_p AL) \wedge *A$

Für die Anwendungen sind nun noch zwei weitere Funktoren von Interesse, die – wie die Allegation – durch einen Teilausdruck im Skopus von 'o', also durch eine Präsupposition, beschreibbar sind. Wir nennen sie Annegation und Adäquivalenz.

Dual zur Allegation definieren wir informell, analog zu (3.4-6) (es kann wie dort überall vor A und AN der '*' gesetzt werden):

(3.4-8) AN ist *Annegation* von A genau dann,
wenn aus -A AN folgt,
aus A weder AN folgt noch -AN folgt,
aus A aber wenigstens ‡AN folgt.

Ein Beispiel für die Annegation, das uns in Kapitel 6 und 7 begegnen wird, liefert uns die Darstellung für INST(e,BECOME(A)), das den "vermittelten" Zustandswechsel aus dem Zustand -A in den

Zustand A repräsentiert. Dort wird eine Mittelphase bei der Zustandsänderung angenommen, eine Übergangsphase, für deren gesamte Dauer weder das Gelten von -A noch das Gelten von A behauptet wird; die Negation von INST(e,BECOME(A)) beschreibt das Fortdauern des Zustandes -A, was das Gelten von -A auch in der Mittelphase impliziert. Mithin ist das Gelten von -A in der Mittelphase eine Annegation von INST(e,BECOME(A)).

Die folgende Wahrheitstafel enthält rechts die Wahrheitsfunktion und die definierende Äquivalenz für den Funktor '##' der Annegation, links den Beweis für die Übereinstimmung zwischen Wahrheitsfunktion und definierender Äquivalenz des Allegationsfunktors.

```
A // AL ≡ o(A -->p AL) ∧ *A   :  A ## AN ≡ o(-A -->p AN) ∧ *A
  v      .              v .   :    v       .              v .
2  2  2  2    2         2 2   :  2  2  2   2 1   2         2 2
2  0  1  0    1         0 2   :  2  2  1   2 1   2         2 2
2  0  0  0    0         0 2   :  2  0  0   0 1   0         0 2
1  1  2  2    2         1 1   :  1  1  2   2 2   2         1 1
1  1  1  2    2         1 1   :  1  0  1   0 2   1         0 1
1  0  0  0    0         0 1   :  1  0  0   0 2   0         0 1
0  0  2  0    0         0 1   :  0  0  2   0 0   0         0 1
0  0  1  0    0         0 1   :  0  0  1   0 0   0         0 1
0  0  0  0    0         0 1   :  0  0  0   0 0   0         0 1
```

Als dritten Funktor im Bunde führen wir die *Adäquivalenz* ein.

<u>Definition</u> (Funktor <> der *Adäquivalenz*)

```
(3.4-B)  A <> B :≡ o(A <-> B) ∧ (A ∧ B)
                 :    .     v    :
                 2 2  2  2  2    2
                 0 2  1  1  0    1
                 0 2  1  0  0    0
                 0 1  1  2  0    1
                 2 1  2  1  1    1
                 2 1  2  0  0    0
                 0 0  1  2  0    0
                 2 0  2  1  0    0
                 2 0  2  0  0    0
```

Die Adäquivalenz ist, so kann man lax und einprägsam sagen, die Konjunktion unter Voraussetzung der Äquivalenz.

Ein Anwendungsbeispiel für die Adäquivalenz ist in Kapitel 7 die Darstellung des Zustandsänderungsprädikats CHANGE(A,B) für den (unvermittelten) Zustandswechsel aus dem Zustand (A ∧ -B) in den Zustand (-A ∧ B). Es wäre zu wünschen, daß die Normalnegation der Beschreibung dieses Zustandswechsels nicht nur besagt, daß hinterher nicht der Zustand (-A ∧ B) besteht (das wäre äquivalent mit (A ∧ B) ∨ (A ∧ -B) ∨ (-A ∧ -B)), sondern, spezieller, daß hinterher noch der Zustand (A ∧ -B) besteht. Und genau dies wird mit Hilfe des Adäquivalenz-Funktors beschrieben.

Neben der Äquivalenz (3.4-8), die für die Definition von '<>' bevorzugt wurde, weil sie die Symmetrie dieses Funktors zum Ausdruck bringt, geben wir noch zwei Äquivalenzen an, die ihn mit '//' und '##' vergleichen:

A	B	!	A <> B	≡	o(A <->$_p$ B)	∧	*A ≡	(A // B)	##	-B
		!		:	.	v	:	.	v	.
2	2	!	2	2	2	2	2	2	2	1
2	1	!	0	0	1	0	2	0	0	2
2	0	!	0	0	0	0	2	0	0	0
1	2	!	0	0	1	0	1	1	0	1
1	1	!	1	2	2	1	1	1	1	2
1	0	!	0	0	0	0	1	0	0	0
0	2	!	0	0	0	0	1	0	0	1
0	1	!	0	0	0	0	1	0	0	2
0	0	!	0	0	0	0	1	0	0	0

Zum Schluß dieses Abschnitts nun noch einige Rechenregeln, nicht nur weil sie später benötigt werden, sondern auch, weil sie Zusammenhänge verdeutlichen.

Die ersten beiden Regeln beschreiben das Verhalten von Allegation und Annegation unter der Abbildung auf quasiklassische Ausdrücke durch '*':

A B C D ! * (((o A ∧ B) // C) ## D) ≡ *(((A ∧ B) ∧ C) ∧ ‡D)

A	B	C	D	!	v	.	:	!	v	.	:	.
2	2	2	2	!	2	2	2	2	2	2	2	2
2	2	2	1	!	2	2	2	2	2	2	2	2
2	2	2	0	!	1	2	2	0	1	2	1	1
2	2	1	2	!	1	2	0	0	1	1	1	2
2	2	1	1	!	1	2	0	0	1	1	1	2
2	2	1	0	!	1	2	0	0	1	1	1	1
2	2	0	2	!	1	2	0	0	1	0	0	2
2	2	0	1	!	1	2	0	0	1	0	0	2
2	2	0	0	!	1	2	0	0	1	0	0	1
2	1	2	2	!	1	1	1	1	1	1	1	2
2	1	2	1	!	1	1	1	0	1	1	1	2
2	1	2	0	!	1	1	1	0	1	1	1	1
2	1	1	2	!	1	1	1	1	1	1	1	2
2	1	1	1	!	1	1	1	0	1	1	1	2
2	1	1	0	!	1	1	1	0	1	1	1	1
2	1	0	2	!	1	1	0	0	1	1	1	2
2	1	0	1	!	1	1	0	0	1	1	1	2
2	1	0	0	!	1	1	0	0	1	1	1	1
2	0			!	1	0	0	0	1	0	0	2
≠2				!	1	0	0	0	1	0	0	

* −(((o A ∧ B) // C) ## D) ≡ *(((A ∧ −B) ∧ ‡C) ∧ D)

(Diese Regel folgt aus den vorhergehenden.)

Die folgenden beiden Regeln beweist man leicht durch Zurückführung auf die definierenden Äquivalenzen.

Das Vorkommen von Allegation und Annegation in einem Ausdruck ist folgendermaßen vertauschbar:

((oA ∧ B) // C) ##D ≡ ((oA ∧ B) ##D) //C

Unter der Negation tauschen Allegation und Annegation ihre Rollen:

−(((o A ∧ B) // C) ## D) ≡ ((oA ∧ −B) // D) ## C

Weitere Regeln: Wenn in einem Ausdruck der Form

(A′ // AL) ##AN

aus dem Ausdruck B eine Präsupposition (und zwar nicht notwendig die maximale) sozusagen ausgegliedert ist, d.h., wenn A′ die Form

$A' \equiv \circ A \wedge B$

hat, so läßt sich auch in der Formel, in der // und ## gemäß ihren Definitionsgleichungen eliminiert sind, eine Aufspaltung vornehmen; es gilt

$$(\circ A \wedge B)//AL)\#\#AN$$
$$\equiv \circ(A \wedge (B \dashrightarrow_p AL) \wedge (-B \dashrightarrow_p AN)) \wedge (*)B \ ,$$

wobei die Einklammerung "(*)" bedeutet, daß der Funktor '*' an der betreffenden Stelle äquivalent weggelassen oder hinzugefügt werden kann. Der Beweis der Äquivalenz durch Wahrheitstafel befindet sich auf der nächsten Seite.

Und falls in einem Ausdruck der Form (A' // AL) ##AN alle drei Teilausdrücke in entsprechender Weise aufgespalten sind, gilt

$$((\circ A \wedge B) \ // \ (\circ C \wedge D)) \ \#\# \ (\circ E \wedge F)$$
$$\equiv \circ(A \wedge C \wedge E \wedge (B \dashrightarrow_p D) \wedge (-B \dashrightarrow_p F)) \wedge (*)B,$$

wie auf der übernächsten Seite bewiesen wird. Letzteres ist auf Grund von (3.4-7) äquivalent mit

$$((\circ(A \wedge C \wedge E) \wedge B) \ // \ D) \ \#\# \ F \ ,$$

das heißt, aus Allegation und Annegation lassen sich präsupponierte Teile "nach vorn ziehen". Beispiel: So lassen sich bei der Repräsentation von Verben, die das Verursachen des Eintretens eines Zustandes (durch Individuum) bezeichnen, die "Präsuppositionen" der Zustandsänderung nach vorn ziehen und als Präsuppositionen des kausativen Vorgangs darstellen.

A B AL AN | ((□A ∧ B)//AL)##AN ≡ □(A ∧ ((B -->$_p$ AL) ∧ (-B -->$_p$ AN))) ∧ (*)B

A	B	AL	AN	∧	//	##	□	∧	-->$_p$	-B	-->$_p$	∧
					.	v	:	.				v
2	2	2	2	2	2	2	2	2	2	1	2	2
2	2	2	1	2	2	2	2	2	2	1	2	2
2	2	2	0	2	2	0	0	0	2	1	0	0
2	2	1	2	2	0	0	0	1	1	1	2	0
2	2	1	1	2	0	0	0	1	1	1	2	0
2	2	1	0	2	0	0	0	0	1	1	0	0
2	2	0	2	2	0	0	0	0	0	1	2	0
2	2	0	1	2	0	0	0	0	0	1	2	0
2	2	0	0	2	0	0	0	0	0	1	0	0
2	1	2	2	1	1	1	2	2	2	2	2	1
2	1	2	1	1	1	0	0	1	2	2	1	0
2	1	2	0	1	1	0	0	0	2	2	0	0
2	1	1	2	1	1	1	2	2	2	2	2	1
2	1	1	1	1	1	0	0	1	2	2	1	0
2	1	1	0	1	1	0	0	0	2	2	0	0
2	1	0	2	1	0	0	0	0	0	2	2	0
2	1	0	1	1	0	0	0	0	0	2	1	0
2	1	0	0	1	0	0	0	0	0	2	0	0
2	0			0	0	0	0	0	0	0	0	0
≠2				0	0	0	0					0

A	B	C	D	E	F	((oA ∧	B)//(oC	∧ D))##	(oE ∧	F) ≡	o(A ∧ C ∧ E ∧ (B	-->$_p$ D)∧(-B	-->$_p$ F))∧(*)B	
							.		v		.			v
2	2	2	2	2	2	2	2	2	2	2	2	2	2	2
2	2	2	2	2	1	2	2	2	2	1	2	2	2	2
2	2	2	2	2	0	2	2	2	0	0	0	2	0	0
2	2	2	2	≠2		2	2	2	0	0	0	2	0	0
2	2	2	1	2	2	2	0	1	0	2	0	1	2	0
2	2	2	1	2	1	2	0	1	0	1	0	1	2	0
2	2	2	1	2	0	2	0	1	0	0	0	1	0	0
2	2	2	1	≠2		2	0	1	0	0	0	1	0	0
2	2	2	0	2	2	2	0	0	0	2	0	0	2	0
2	2	2	0	2	1	2	0	0	0	1	0	0	2	0
2	2	2	0	2	0	2	0	0	0	0	0	0	0	0
2	2	2	0	≠2		2	0	0	0	0	0	0	0	0
2	2	≠2				2	0	0	0		0			0
2	1	2	2	2	2	1	1	2	1	2	2	2	2	1
2	1	2	2	2	1	1	1	2	0	1	0	2	1	0
2	1	2	2	2	0	1	1	2	0	0	0	2	0	0
2	1	2	2	≠2		1	1	2	0	0	0	2	0	0
2	1	2	1	2	2	1	1	1	1	2	2	2	2	1
2	1	2	1	2	1	1	1	1	0	1	0	2	1	0
2	1	2	1	2	0	1	1	1	0	0	0	2	0	0
2	1	2	1	≠2		1	1	1	0	0	0	2	0	0
2	1	2	0			1	0	0	0		0	0		0
2	1	≠2				1	0	0	0		0			0
2	0					0	0		0		0	0		0
≠2						0	0		0		0			0

4. Zur Präsuppositionssuspension

4.1. Allgemeine Bemerkungen zur Präsuppositionssuspension

Zur Einordnung der Suspensionsproblematik in den Gesamtkontext der Präsuppositionsdiskussion ist schon im Abschnitt 3.1 einiges gesagt worden, so daß wir uns hier relativ kurz fassen können.

In der frühen Präsuppositionsliteratur noch nicht thematisiert, seit längerer Zeit eines der Lieblingsthemen der Präsuppositionstheoretiker und heute allgemein akzeptiert ist die Tatsache, daß gewisse Präsuppositionen in negierten Sätzen kontextuell suspendiert werden können. Standardbeispiele für solche Fälle von Präsuppositionssuspension (presupposition cancelling) sind etwa die folgenden:

(4-1) ? *Der König von Frankreich ist nicht kahlköpfig, denn es gibt ja gar keinen König von Frankreich.*

(4-2) *Es hat nicht aufgehört zu regnen, es hat ja überhaupt nicht geregnet.*

Diesen und ähnlichen Beispielen, in denen eine Präsupposition eines negierten Satzes explizit zurückgewiesen wird, ist gemeinsam, daß sie von nicht linguistisch vorbelasteten Informanten meist als etwas seltsam, im allgemeinen aber nicht als völlig abweichend beurteilt werden. Diese Beobachtungen haben zu einem Aufgeben der These von der strikten Unantastbarkeit der Präsuppositionen durch die Negation geführt (vgl. auch die früheren Bemerkungen zum Negationskriterium im Abschnitt 3.1). Statt dessen wird eine doppelte Asymmetrie konstatiert:

1. Präsuppositionen sind Folgerungen aus dem affirmativen Satz; beim negierten Satz können sie wegfallen.
2. Im negierten Satz ist die präsuppositionsbewahrende Lesart klar präferiert; die präsuppositionsbestreitende Lesart ist auf spezielle Kontexte beschränkt.

Diese empirischen Befunde führen in der Prasuppositionsliteratur zu unterschiedlichen Konsequenzen, die von einem Anzweifeln der Tauglichkeit des Negationskriteriums bis zu einem Aufgeben des Präsuppositionskonzepts überhaupt reichen.

Unser Behandlungsversuch für das Problem der Präsuppositionssuspension auf der Grundlage des erweiterten Aussagenkalküls ist dadurch gekennzeichnet, daß Präsuppositionen als Folgerungen sowohl aus dem affirmativen als auch aus dem negierten Satz behandelt werden und daß für durch spezielle Kontexte erzwungene Suspendierungen spezielle formale Korrekturmechanismen vorgesehen werden. Dies entspricht der schon erwähnten Grundannahme, daß präferente Lesarten, die bei "neutralem Kontext" gelten, so lange als gültige Analyseergebnisse zu betrachten sind, solange sie nicht falsifiziert werden.

Eine konsequente Weiterführung dieses Grundansatzes führt uns im Abschnitt 4.5 zu dem, wie wir meinen, zukunftsträchtigen Ansatz, außer den Präsuppositionen noch andere suspendierbare Folgerungen zu behandeln, und zwar im Prinzip mit dem gleichen Suspensionsmechanismus.

Weiterhin wird (bereits im Abschnitt 4.3) das in der Literatur wenig beachtete Phänomen untersucht, daß die verschiedenen Präsuppositionsarten in unterschiedlichem Maße anfällig für die Suspension sind.

4.2. Welche Kontexte kommen unter unseren Voraussetzungen für die Präsuppositionssuspension in Frage?

Da wir isolierte Sätze untersuchen, kommen nur Konstruktionen in Frage, bei denen der suspendierende Kontext im gleichen Satz vorkommt wie der Präsuppositionsauslöser.

Man muß unterscheiden zwischen *expliziter* und *impliziter* Präsuppositionssuspension. Bei ersterer wird eine verneinte Präsupposition explizit als nachfolgender Kontext angeschlossen; Standardfall ist hier ein *denn*-Anschluß oder eine asyndetische Verknüpfung. Beispiele wären (4-1) bzw. (4-2). Bei der impliziten Präsuppositionssuspension wird durch einen kontrastierenden Anschluß der Präsuppositionsstatus gewisser im Ausgangssatz vorhandener Präsuppositionen aufgehoben; Standardfall sind hier *sondern*-Anschlüsse, z.B. bei

(4-3) *Es hat nicht aufgehört zu regnen, sondern angefangen.*

(4-4) *Karl hat das Fenster nicht geöffnet, sondern geschlossen.*

Daß die suspendierte Präsupposition nicht gilt, braucht im impliziten Fall nicht unbedingt aus dem korrigierenden Anschluß zu folgen, wie das folgende Beispiel zeigt:

(4-5) *Otto weiß nicht, daß es regnet, sondern er vermutet es nur.*

Die Operation, die der Präsuppositionssuspension in unserem Formalismus entspricht, wird gerade eine formale Widerspiegelung der oben erwähnten "Aberkennung des Präsuppositionsstatus" sein, so daß damit sowohl die explizite als auch die implizite Präsuppositionssupension erfaßt werden kann.

Wir werden uns also im folgenden bei der Untersuchung der Präsuppositionssuspension auf zwei Arten von suspendierenden Kontexten beschränken:

1. Anschlüsse mit *denn* und asyndetische Anschlüsse, die als "Grund der Negation" das Nichtzutreffen einer Präsupposition explizit benennen, und zwar, indem der Zusatz direkt eine Verneinung dieser Präsupposition ist, etwa bei (4-1) und (4-2), oder indem aus dem Zusatz eine solche Verneinung folgt, etwa bei

   (4-6) ? *Pipo ist kein Junggeselle, denn er ist mein Wellensittich.*

2. Anschlüsse mit *sondern*, die eine Substitutionsoperation ausdrücken, bei der ein im Ausgangssatz im regulären Fokusbereich eines Negationsträgers stehender Präsuppositionsauslöser durch ein passendes Substitut ersetzt wird, das nicht diese Präsupposition induziert (implizite Präsuppositionssuspension).

Obwohl, wie eben bemerkt, die später zu definierende Grundoperation der Präsuppositionssuspension prinzipiell auch den impliziten Fall zu erfassen gestattet, ist der im Abschnitt 4.4

beschriebene Suspensionsmechanismus primär für die *explizite* Präsuppositionssuspension bestimmt, mit der er ja auch bezüglich der Vorstellung vom "logischen Bruch" korreliert. Die implizite Präsuppositionssuspension werden wir noch bei den Betrachtungen im folgenden Abschnitt einbeziehen.

4.3. Unterschiede in der Suspendierbarkeit verschiedener Präsuppositionsarten

Wie bereits bemerkt, entstammen die meisten Beispiele für Präsuppositionssuspension dem Beispielfeld (P1) - (P3), d.h. es werden Existenzpräsuppositionen oder Präsuppositionen von Verben der Veränderung supendiert; unsere Standardbeispiele für Präsuppositionssuspension

(4-1) ? *Der König von Frankreich ist nicht kahlköpfig, denn es gibt ja gar keinen König von Frankreich.*

(4-2) *Es hat nicht aufgehört zu regnen, es hat ja überhaupt nicht geregnet.*

gehören auch dazu. Anm. 9

Daß diese Präsuppositionsarten die beliebtesten Beispiellieferanten für Präsuppositionssuspension sind, ist kein Zufall, denn Existenzpräsuppositionen und Präsuppositionen von Verben der Veränderung (im folgenden kurz: BECOME-Präsuppositionen) lassen sich am leichtesten suspendieren. Bei der Untersuchung der verschiedenen Präsuppositionsarten wird sich zeigen, daß einige von ihnen nicht oder nur sehr schwer suspendierbar sind, während andere in ihrem Suspensionsverhalten zwischen den beiden "extremen" Gruppen liegen.

Suspendierungen von (P7)-Präsuppositionen führen eindeutig zu abweichenden Sätzen.

(4-7) * *Es stimmt nicht, daß Karl, der übrigens heute als erster aufgestanden ist, Anna geweckt hat, denn Karl ist heute gar nicht als erster aufgestanden.*

Im Gegensatz dazu wird die Suspendierung der (P3)-Präsupposition im gleichen Ausgangssatz akzeptiert.

(4-8) *Es stimmt nicht, daß Karl, der übrigens heute als erster aufgestanden ist, Anna geweckt hat, denn Anna hat gar nicht geschlafen.*

Der Satz (4-7) ist übrigens auch ein Beispiel dafür, daß - wie in DÖLLING (1988) richtig festgestellt wird - die Phrase *es stimmt nicht, daß* nicht automatisch die präsuppositionsaffizierende Negation zum Ausdruck bringt.

Die Präsuppositionen von faktiven Verben (P4) sind nicht explizit suspendierbar, obwohl dies gelegentlich behauptet wird. Die Informantenurteile weisen sie jedoch als die nach (P7) festesten Präsuppositionen aus.

(4-9) * *Otto weiß nicht, daß es regnet, denn es regnet ja überhaupt nicht.*

Die implizite Suspension von (P4)-Präsuppositionen führt jedoch zu völlig akzeptablen Sätzen.

(4-10) *Karl weiß nicht, daß es regnet, sondern er vermutet es nur.*

Daß dieser Satz ohne Probleme akzeptiert wird, liegt auch daran, daß aus dem *sondern*-Anschluß nicht die Negation des vorher präsupponierten *daß*-Satzes folgt. Daß die faktive Präsupposition nicht ohne Substitution des Präsuppositionsauslösers getilgt werden kann, wird durch die Ablehnung des folgenden Satzes gestützt.

(4-11) ?? *Karl weiß nicht, daß es regnet, sondern (er weiß), daß die Sonne scheint.*

Die Fragwürdigkeit dieses Satzes entsteht durch den Widerspruch zwischen den beiden *daß*-Sätzen, so daß hier eine Suspension des präsupponierten ersten *daß*-Satzes nicht erfolgt sein kann. Daß die Fragwürdigkeit nicht durch andere Effekte hervorgerufen wird, wird dadurch belegt, daß nach dem gleichen Grundmuster wie Satz

(4-11) konstruierte Sätze durchaus akzeptabel sein können, wenn die beid‹ › vorkommenden *daß*-Sätze verträglich sind:

(4-12) *Kar. weiß nicht, daß Anna eine gute Hausfrau ist, sondern, daß sie eine gute Wissenschaftlerin ist.*

Betrachten wir nun (P5) (Cleft-Sätze). Sätze, die durch explizite Suspension von Präsuppositionen aus Cleft-Sätzen gebildet werden, werden mindestens als sehr fragwürdig eingeschätzt, etwa die folgenden Beispiele:

(4-13) ?? *Es war nicht Karl, der Anna weckte, denn Anna wurde überhaupt nicht geweckt.*

(4-14) ?? *Es stimmt nicht, daß es Karl war, der Anna weckte, denn Anna wurde überhaupt nicht geweckt.*

Das gleiche trifft auf implizite Präsuppositiossuspension in solchen Fällen zu:

(4-15) ?? *Es war nicht Karl, der Anna weckte, sondern niemand.*

Beim Kontrastakzent (P6) wird die explizite Präsuppositionssuspension leichter akzeptiert, die implizite jedoch nicht.

(4-16) ? *KARL weckte Anna NICHT, denn Anna wurde überhaupt nicht geweckt.*

Eine weitere Gruppe von nicht oder nur sehr schwer suspendierbaren Präsuppositionen sind die Selektionsbeschränkungen (P10):

(4-18) ?? *Emma schläft nicht, denn Emma ist ein Haus.*
(4-19) ?? *Die Mutter ist nicht traurig, denn sie ist aus Metall.*
(4-20) * *Emma schläft nicht, sondern wird verputzt.*
(4-21) ?? *Die Mutter ist nicht traurig .sondern rostig.*

Manche Autoren sehen solche von uns als abweichend oder sehr fragwurdig gekennzeichneten Sätze als (semantisch) korrekt und als höchstens kommunikativ unangemessen an. Explizit angeführte

Beispiele dafür sind etwa die folgenden Sätze aus DÖLLING (1988):

(4-22) *Die Tochter von Maria ist NICHT ganzzahlig (, denn Ganzzahligkeit ist keine Eigenschaft von Personen).*

(4-23) *Nicht MARIA liebt Hans, sondern niemand.*

Unsere Intuition und die Informantenbefragungen weisen aber einen deutlichen Akzeptabiltätsunterschied zwischen Sätzen wie (4-1) - (4-6), (4-8) einerseits und (4-7), (4-9), (4-10), (4-11), (4-13) - (4-15), (4-17) - (4-23) andererseits aus, so daß eine Differenzierung in der Suspendierbarkeit von Präsuppositionen durchaus angemessener ist als die Annahme einer generellen Suspendierbarkeit. Die Präsuppositionsarten (P6), (P8) und (P9) nehmen bezüglich der Suspendierbarkeit eine mittlere Stellung ein.

4.4. Unser Ansatz zur formalen Behandlung der Präsuppositionssuspension

Unser Herangehen an das Problem der Präsuppositionssuspension haben wir schon an verschiedenen Stellen angedeutet. Bevor wir unseren formalen Suspensionsmechanismus vorstellen, soll es noch einmal kurz skizziert werden.

Ausgehend von der deutlichen Präferenz der präsuppositionsbewahrenden Lesart negierter Sätze, halten wir eine logische Behandlung der Negation für angemessen, bei der Präsuppositionen Folgerungen sowohl aus dem affirmativen als auch aus dem negierten Satz sind.

Für den Fall der durch spezielle Kontexte erzwungenen Präsuppositionssuspension stellen wir einen formalen Korrekturmechanismus bereit, der zwar auf EAK-Ausdrücken operiert, aber nicht wahrheitsfunktional beschreibbar ist. Dies hat zwei Vorteile. Zum einen entspricht diese gewissermaßen aus dem logischen Rahmen fallende Behandlung der Beobachtung, daß die explizite Präsuppositionssuspension einen im Diskurs beabsichtigten logischen Bruch darstellt, und zum anderen läßt sich auf diese Weise der Unterschied zwischen suspendierbaren und nichtsuspendierbaren Präsuppositionen erfassen, was bei wahrheitsfunktionaler Behandlung nur auf Kosten einer Erhöhung der Anzahl der Wahrheitswerte (genauer:

auf Kosten einer Aufspaltung des Wahrheitswertes 0 "Präsupposition verletzt", etwa in die Wahrheitswerte "suspendierbare Präsupposition verletzt" und "nichtsuspendierbare Präsupposition verletzt") möglich wäre. Anm. 10

Gesucht ist also eine Suspensionsfunktion, die auf im Negationsfokus stehende Ausdrücke angewandt wird, wenn das Ergebnis der Normalnegation im Widerspruch zu einem suspendierenden Kontext (gemäß Abschnitt 4.2.) steht.

Welche Eigenschaften soll nun diese über der Menge der Ausdrücke des EAK zu definierende Suspensionsfunktion SUSP haben?

(4-24) *Forderungen an die Suspensionsfunktion SUSP*:

1. SUSP darf nur Änderungen hervorrufen, die bei präsuppositionsignoranter Interpretation verschwinden:

   $*SUSP(A) \equiv *A$

2. Für Ausdrücke $A = F(N,S,E)$, die sich durch EAK-Verknüpfungen aus nichtsuspendierbarer Präsupposition N, suspendierbarer Präsupposition S und eigentlicher Bedeutung E zusammensetzen, soll

   $-A \wedge -E$ erfüllbar, aber

   $-A \wedge -S$, $-A \wedge -N$ kontradiktorisch;

   $-SUSP(A) \wedge -S$ erfüllbar, aber

   $-SUSP(A) \wedge -N$ kontradiktorisch sein.

Im Normalfall soll also die Zurückweisung der eigentlichen Bedeutung akzeptiert werden können, die einer beliebigen Präsupposition dagegen nicht; im Suspensionsfall soll auch die Zurückweisung einer suspendierbaren Präsupposition akzeptabel sein, die einer nichtsuspendierbaren Präsupposition jedoch weiterhin nicht.

Um uns langsam an die Suspensionsfunktion heranzuarbeiten, betrachten wir zunächst den sehr einfachen Fall, daß ein Ausdruck gegeben ist, der sich konjunktiv aus (suspendierbarer) Präsupposition und eigentlicher Bedeutung zusammensetzt:

(4-25) $A = oP \wedge E$

Die Standardverneinung dieses Ausdrucks wird durch die Anwendung des Funktors '-' geliefert:

$$-A \equiv oP \wedge -E$$

Die Präsuppositionssuspension kann (nur) durch einen expliziten Präsuppositionsprotest ausgelöst werden (in unserem Fall durch einen suspendierenden Kontext, aus dem -P folgt); als Grundoperation ist die Aberkennung des Präsuppositionsstatus von P anzusetzen, d.h. die Tilgung des (in unserem Fall einzigen) Vorkommens von o:

$$\text{SUSP}(A) = P \wedge E$$

Als Verneinung ergibt sich dann:

$$-\text{SUSP}(A) = -(P \wedge E) \equiv -P \vee_P -E$$
$$\equiv \dagger P \wedge \dagger E \wedge (-P \vee -E)$$

Wenn wir voraussetzen, daß P und E präsuppositionsignorant aufgefaßt werden (,was z.B. bei $P = \dagger A$, $E = *A$ gegeben ist), erhalten wir

$$-\text{SUSP}(A) \equiv -P \vee -E$$

Es erhebt sich die Frage, ob diese einfache Suspensionsfunktion tatsächlich das gewünschte Ergebnis liefert, da eigentlich die Verneinung von E nur unter der Voraussetzung von P Sinn macht, so daß als Ergebnis des gesamten Suspensionsvorgangs -P wünschenswert wäre und nicht -P v -E. Wenn wir jedoch wie bisher von der Voraussetzung ausgehen, daß eine Präsuppositionssuspension nur dann erfolgt, wenn ein expliziter Präsuppositionsprotest vorliegt (unter unseren Bedingungen innerhalb des analysierten Satzes), muß -P zumindest aus der Repräsentation des Gesamtsatzes folgen, d.h., man kann das Konjunkt -P logisch äquivalent hinzufügen:

$$-\text{SUSP}(A) \wedge -P \equiv (-P \vee -E) \wedge -P \equiv -P ,$$

so daß wir doch das gewünschte Ergebnis erhalten.

Im Falle des äußerst simplen Ausdrucks (4-25) ist also die Suspensionsoperation "Tilgung des einzigen 'o'-Vorkommens" logisch tauglich. Wir betrachten nun den etwas komplizierteren Ausdruck

(4-26) $$A = o(oN \wedge S) \wedge E ,$$

der sich aus nichtsuspendierbarer Präsupposition, suspendierbarer Präsupposition und eigentlicher Bedeutung zusammensetzt und für dessen Negation gilt:

$$-A \equiv o(oN \wedge S) \wedge -E .$$

Hier liefert die Suspensionsoperation "Tilgung des äußersten 'o'-Vorkommens" das gewünschte:

$$SUSP(A) = (oN \wedge S) \wedge E$$

$$-SUSP(A) \equiv oN \wedge -(S \wedge E) \equiv oN \wedge (-S \vee_{p} -E)$$

$$\equiv oN \wedge \uparrow S \wedge \uparrow E \wedge (-S \vee -E)$$

Wenn S und E wieder als präsuppositionslos angenommen werden, ergibt sich daraus:

$$-SUSP(A) \equiv oN \wedge (-S \vee -E)$$

Ein Präsuppositionsprotest gegen die suspendierbare Präsupposition wird akzeptiert:

$$-SUSP(A) \wedge -S \equiv oN \wedge (-S \vee -E) \wedge -S \equiv oN \wedge -S \ ,$$

bei einem Protest gegen die nichtsuspendierbare Präsupposition bleibt der Widerspruch trotz Anwendung der Suspendierungsoperation bestehen:

$$-SUSP(A) \wedge -N \equiv oN \wedge (-S \vee -E) \wedge -N \ .$$

Die Operation "Tilgung des äußersten 'o'-Vorkommens" liefert also in beiden Fällen das Gewünschte. Während sie sich jedoch im ersten Fall (4-25) noch wahrheitsfunktional beschreiben läßt – hier ist nämlich SUSP(A) ≡ *A und somit -SUSP(A) ≡ ¬A –, ist dies im zweiten Fall (4-26) nicht mehr möglich. Dies macht man sich an der folgenden Wahrheitstafel klar:

			A				SUSP(A)		
N	S	E	o (o N ∧ S) ∧ E				(o N ∧ S) ∧ E		
			!	.	:	v	.	:	v
2	2	2	2	2	2	2	2	2	2
2	2	1	2	2	2	1	2	2	1
2	2	0	2	2	2	0	2	2	0
2	1	2	0	2	1	0	2	1	1
2	1	1	0	2	1	0	2	1	1
2	1	0	0	2	1	0	2	1	0
2	0	2	0	2	0	0	2	0	0
2	0	1	0	2	0	0	2	0	0
2	0	0	0	2	0	0	2	0	0
≠2			0	0	0	0	0	0	0

Aus den (mit v gekennzeichneten) Ergebnisspalten der Ausdrücke A und SUSP(A) ist ablesbar, daß es keine Wahrheitsfunktion h geben kann, so daß für beliebige Belegungen f gilt:

f(SUSP(A)) = h(f(A)),

da für f(A) = 0 für f(SUSP(A)) sowohl der Wert 1 als auch der Wert 0 möglich ist.

Wir betrachten nun einen Ausdruck der Form

(4-27) A = o(oN ∧ S) ∧ E // ALL ## ANN,

wobei N nichtsuspendierbare Präsupposition, S suspendierbare Präsupposition, E eigentliche Bedeutung, ALL Allegation und ANN Annegation von A sei. Dann gilt (vergl. Abschnitt 3.4):

A ≡ o(oN ∧ S ∧ (E --> ALL) ∧ (-E --> ANN)) ∧ E,
*A ≡ N ∧ S ∧ E ∧ ALL
*-A ≡ N ∧ S ∧ -E ∧ ANN
SUSP(A) ≡ oN ∧ S ∧ E ∧ ALL
-SUSP(A) ≡ oN ∧ (-S v -E v -ALL)

Wie im Fall (4-26) wird im Suspensionsfall ein Widerspruch zur suspendierbaren Präsupposition akzeptiert, ein Widerspruch zur nichtsuspendierbaren Präsupposition jedoch nicht:

-SUSP(A) ∧ -S ≡ oN ∧ (-S v -E v -ALL) ∧ -S
≡ oN ∧ -S,
-SUSP(A) ∧ -N ≡ oN ∧ (-S v -E v -ALL) ∧ -N.

Die Gültigkeit der vorstehenden Äquivalenzen überprüft man am leichtesten anhand der folgenden Wahrheitstabelle:

N	S	E	ALL	ANN	□	(□N	∧ S	∧ (E-->ALL)	∧	(-E-->ANN))	A ∧ E v	*A	-A	*-A	SUSP(A)	-SUSP(A)
					!	.	:	:	.	:	.					
2	2	2	2	2	2	2	2	2	2	2	2	2	1	1	2	1
2	2	2	2	1	2	2	2	2	2	2	2	2	1	1	2	1
2	2	2	1	2	0	2	1	1	1	1	2	0	1	0	1	1	2
2	2	2	1	1	0	2	1	1	1	1	2	0	1	0	1	1	2
2	2	1	2	2	2	2	2	2	2	2	2	1	1	2	2	1	2
2	2	1	2	1	0	2	1	1	2	1	1	0	1	0	1	1	2
2	2	1	1	2	2	2	2	2	2	2	2	1	1	2	2	1	2
2	2	1	1	1	0	2	1	1	2	1	1	0	1	0	1	1	2
2	1	2	2	2	0	2	1	1	2	2	2	0	1	0	1	1	2
2	1	2	2	1	0	2	1	1	2	2	2	0	1	0	1	1	2
2	1	2	1	2	0	2	1	1	1	1	2	0	1	0	1	1	2
2	1	2	1	1	0	2	1	1	1	1	2	0	1	0	1	1	2
2	1	1	2	2	0	2	1	1	2	2	2	0	1	0	1	1	2
2	1	1	2	1	0	2	1	1	2	1	1	0	1	0	1	1	2
2	1	1	1	2	0	2	1	1	2	2	2	0	1	0	1	1	2
2	1	1	1	1	0	2	1	1	2	1	1	0	1	0	1	1	2
≠2					0	0						0	1	0	1	0	0

Nachdem wir uns nun plausibel gemacht haben, daß und wie die verbal mit "Tilgung aller äußersten/obersten o-Vorkommen" zu charakterisierende Suspensionsfunktion bei den praktisch wichtigen Fällen das Gewünschte liefert, wollen wir die mit diesen Intentionen verbundene Suspensionsfunktion formal sauber auf der Menge der elementaren EAK-Ausdrücke definieren. Die Definition erfolgt induktiv - parallel zur induktiven Ausdrucksdefinition in Abschnitt 2.1.1. Eine Einschränkung der Ausdrucksdefinition gegenüber der aus Abschnitt 2.1.1 ist allerdings nötig:

(4-28) *Einschränkung der Ausdrucksdefinition für elementare EAK-Ausdrücke, auf die SUSP angewandt werden darf:*
Der Funktor o darf nicht innerhalb des Skopus eines Vorkommens des Negationsfunktors '-' vorkommen.

Es wäre leicht möglich, die in (4-28) verbal formulierte Einschränkung in eine formal saubere induktive Definition für die eingeschränkte Ausdrucksmenge umzusetzen; wir verzichten hier darauf und geben nur den Hinweis, daß dies durch Einführung des Hilfsbegriffs *'o'-freier EAK-Ausdruck* geschehen kann.

Es ist leicht einzusehen, daß man jeden elementaren EAK-Ausdruck mit Hilfe der in Kapitel 2 angegebenen Rechenregeln äquivalent in einen solchen umformen kann, der die Bedingung (4-28) erfüllt. Daß diese Einschränkung notwendig ist, ergibt sich aus der beabsichtigten Wirkung der Suspensionsfunktion: Wenn SUSP(-A) für 'o'-haltige EAK-Ausdrücke A definiert wäre, müßte SUSP(-A) etwas anderes sein als -SUSP(A), wenn die Eigenschaft (4-24).2 gelten soll, müßte aber andererseits gleich -SUSP(A) sein, wenn die Eigenschaft (4-24).1 gelten soll. Die folgende induktive Definition für SUSP kann auch als Definition über der gesamten Menge der elementaren EAK-Ausdrücke gelesen werden, die erwünschten Eigenschaften gelten aber nur über der durch (4-28) eingeschränkten Ausdrucksmenge.

Definition (*Suspensionsfunktion* SUSP)

(1) SUSP(pi) = pi für alle Aussagenvariablen pi.

(2) SUSP(-A) = -SUSP(A),
SUSP(oA) = A,
SUSP(*A) = *A,

$$\mathrm{SUSP}(\dagger A) = \dagger A;$$
$$\mathrm{SUSP}(A \wedge B) = \mathrm{SUSP}(A) \wedge \mathrm{SUSP}(B),$$
$$\mathrm{SUSP}(A \vee B) = \mathrm{SUSP}(A) \vee \mathrm{SUSP}(B),$$
$$\mathrm{SUSP}(A \rightarrow B) = A \rightarrow B,$$
$$\mathrm{SUSP}(A \leftrightarrow B) = A \leftrightarrow B.$$

Die SUSP-Definitionen für die Funktoren '$\wedge$' und '$\vee$' sind einsichtig; zu den übrigen ist folgendes zu sagen: Die Festlegung für 'o' entspricht der Intention "Tilgung des äußersten 'o'-Vorkommens", bei '*', '†', '$\rightarrow$' und '$\leftrightarrow$' ist keine Suspension von Präsuppositionen der in ihrem Skopus stehenden Teilausdrücke mehr nötig, da diese Funktoren ohnehin die Präsuppositionsignoranz erzwingen; über '-' wurde schon gesprochen.

Da die Funktion SUSP nicht wahrheitsfunktional definierbar ist, gilt im allgemeinen <u>nicht</u>

Wenn $A \equiv B$, so $\mathrm{SUSP}(A) \equiv \mathrm{SUSP}(B)$.

<u>Beispiel</u>: Ausdrücke mit unterschiedlichen 'o'-Tiefen, z.B.
$A = op$, $B = oop$.

Für alle durch Äquivalenzen im EAK definierten Funktoren sollen aber die definierenden Äquivalenzen dieser Funktoren zur Grundlage der Definition der Funktion SUSP für Ausdrücke, in denen diese Funktoren vorkommen, genommen werden.

Interessante Ergebnisse erhält man z.B. bei Anwendung der Funktion SUSP auf Ausdrücke mit den präsupponierenden aussagenlogischen Funktoren '$\vee_p$' , '$\rightarrow_p$' und '$\leftrightarrow_p$'. Für '$\vee_p$' gilt z.B.:

$$\begin{aligned}\mathrm{SUSP}(A \vee_p B) &= \mathrm{SUSP}(o(\dagger A \wedge \dagger B) \wedge (A \vee B)) \\ &= \mathrm{SUSP}(o(\dagger A \wedge \dagger B)) \wedge \mathrm{SUSP}(A \vee B) \\ &= \dagger A \wedge \dagger B \wedge \mathrm{SUSP}(A \vee B).\end{aligned}$$

Für die anderen Funktoren gilt sogar:

$$\begin{aligned}\mathrm{SUSP}(A \rightarrow_p B) &= \dagger A \wedge \dagger B \wedge \mathrm{SUSP}(A \rightarrow B) \\ &= \dagger A \wedge \dagger B \wedge (A \rightarrow B), \\ \mathrm{SUSP}(A \leftrightarrow_p B) &= \dagger A \wedge \dagger B \wedge \mathrm{SUSP}(A \leftrightarrow B) \\ &= \dagger A \wedge \dagger B \wedge (A \leftrightarrow B).\end{aligned}$$

Die Funktion SUSP bewirkt hier also eine Aberkennung des Präsuppositionsstatus der zusätzlichen Konjunkte, die zu den mit den nicht-präsupponierenden Funktoren gebildeten Ausdrücken treten. Dies könnte evtl. bei der Analyse z.B. von Sätzen mit *wenn ..., so ...*-Verknüpfungen von Nutzen sein, wenn statt der präsupponierenden Lesart in speziellen Fällen, etwa, wenn in der Prämisse eine Präsupposition der Konklusio steckt, die nicht-präsupponierende Lesart zu wählen ist.

Wir wollen nun zeigen, daß die so definierte Funktion SUSP die Eigenschaften (4-24) hat und, angewandt auf Ausdrücke der Form (4-25) - (4-27), die gewünschten Ergebnisse liefert.

Dazu beweisen wir zunächst eine Reihe von Aussagen über die Funktion SUSP, die wir noch benötigen werden.

<u>Hilfssatz</u>

Wenn A kein Vorkommen von 'o' enthält, dann gilt SUSP(A) = A.

<u>Beweis</u>: (induktiv anhand der Definition von SUSP)

(1) SUSP(pi) = pi;

(2) SUSP(-A) = - SUSP(A) = -A (nach Induktionsvoraussetzung),

SUSP(*A) = *A,

SUSP(↑A) = ↑A (sogar unabhängig von der Induktionsvoraussetzung);

Für '-->' und '<->' gilt das gleiche wie für '*' und '↑'; für '∧' und 'v' das folgende:

Wenn A ∧ B bzw. A v B 'o'-frei sind, so auch A und B. Folglich ist die Induktionsvoraussetzung anwendbar, und wir erhalten:

SUSP(A ∧ B) = SUSP(A) ∧ SUSP(B) = A ∧ B,

SUSP(A v B) = SUSP(A) v SUSP(B) = A v B.

Die folgende Aussage zeigt, daß die maximale Präsupposition durch Anwendung der Suspensionsoperation abgeschwächt wird.

<u>Satz</u> (*maximale Präsupposition von* SUSP(A))

Die maximale Präsupposition von SUSP(A) folgt aus der maximalen Präsupposition von A:

↑A --> ↑SUSP(A) ε AG

Beweis:

(1) ↑pi --> ↑SUSP(pi) = ↑pi --> ↑pi ε AG;

(2) ↑-A --> ↑SUSP(-A) ≡ ↑-A --> ↑-SUSP(A)

≡ ↑A --> ↑SUSP(A) ε AG (nach Induktionsvoraussetzung),

↑oA --> ↑SUSP(oA) ≡ *A --> ↑A ε AG,

für '*' und '↑' ist die Behauptung trivial;

↥(A ∧ B) --> ↥(SUSP(A ∧ B))
= ↥(A ∧ B) --> ↥(SUSP(A) ∧ SUSP(B))
≡ (↥A ∧ ↥B) --> (↥SUSP(A) ∧ ↥SUSP(B))

Es sei f eine Belegung mit f(↥A ∧ ↥B) = 2, also mit f(↥A) = 2 und f(↥B) = 2. Dann gilt nach Induktionsvoraussetzung f(↥SUSP(A)) = f(↥SUSP(B)) = 2 und folglich

f(↥SUSP(A) ∧ ↥SUSP(B)) = 2.

Insgesamt ist also

↥(A ∧ B) --> ↥SUSP(A ∧ B) ∊ AG.

Der Beweis für 'v' verläuft vollkommen analog.

Im folgenden wird gezeigt, daß sich die Verneinung von SUSP(A) logisch zwischen der von A und der von *A einrangiert. Die Funktion SUSP beschreibt also, wie beabsichtigt, ein Suspensionskonzept, das logisch zwischen den beiden Extremen "keine Suspension" und "totale Suspension durch Substitution von '-' durch '¬' ('-*' entspricht ja bekanntlich '¬')" liegt.

Satz (*Einordnung von* -SUSP(A) *zwischen* -A *und* -*A)

Für alle elementaren EAK-Ausdrücke A gilt:

-A --> -SUSP(A) ∊ AG,
-SUSP(A) --> -*A ∊ AG.

Beweis: (induktiv)

(1) -pi --> -SUSP(pi) = -pi --> -pi ∊ AG,
-SUSP(pi) --> -*pi = -pi --> -*pi = -pi --> ¬pi ∊ AG.

(2) '-' :
--A --> -SUSP(-A) = --A --> --SUSP(A) = --A --> --A ∊ AG
(wegen 4-28),
-SUSP(-A) --> -*-A = --SUSP(A) --> -*-A =
= --A --> -*-A ∊ AG;

'o':
-oA --> -SUSP(oA) = -oA --> -A ∊ AG,
-SUSP(oA) --> -*oA ≡ -A --> ¬A ∊ AG;

'*':
-*A --> -SUSP(*A) = -*A --> -*A ∊ AG,
-SUSP(*A) --> -**A ≡ -*A --> -*A ∊ AG;

'↥':
-↥A --> -SUSP(↥A) = -↥A --> -↥A ∊ AG,
-SUSP(↥A) --> -*↥A ≡ -↥A --> -↥A ∊ AG;

'∧':

Lt. Induktionsvoraussetzung seien

-A --> -SUSP(A), -B --> -SUSP(B) ∈ AG,

d.h., für alle Belegungen f gilt:

Wenn f(-A) = 2, so f(-SUSP(A)) = 2;

wenn f(-B) = 2, so f(-SUSP(B)) = 2,

d.h.,

wenn f(A) = 1, so f(SUSP(A)) = 1;

wenn f(B) = 1, so f(SUSP)B)) = 1.

Nun sei f eine Belegung mit f(-(A ∧ B)) = 2,
d.h. mit f(A ∧ B) = 1.
Dann gilt f(A) = 1 und f(B) ≠ 0 oder f(B) = 1 und f(A) ≠ 0.
O.B.d.A. sei f(A) = 1 und f(B) ≠ 0.
(O.B.d.A. = "Ohne Beschränkung der Allgemeinheit", d.h., die Annahme des ersten Falles schränkt die Allgemeinheit des Beweises nicht ein, da die Beweisführung im zweiten Fall vollkommen symmetrisch verläuft.)
Dann gilt nach Induktionsvoraussetzung:

f(SUSP(A)) = 1

Zu zeigen ist f(SUSP(A) ∧ SUSP(B)) = 1. Dazu genügt es zu zeigen, daß f(SUSP(B)) ≠ 0 ist.
Diesen Teilbeweis führen wir indirekt.
Angenommen es wäre f(SUSP(B)) = 0. Dann gilt gemäß der Folgerung im Anschluß an den Satz über die maximale Präsupposition von SUSP-Ausdrücken

f(B) = 1 oder f(B) = 0.

Letzteres ist nach der obigen Annahme ausgeschlossen, so daß f(B) = 1 ist. Wegen der Induktionsvoraussetzung gilt dann f(SUSP(B)) = 1 im Widerspruch zur Annahme.
Folglich ist f(SUSP(B)) ≠ 0 und somit insgesamt

f(SUSP(A) ∧ SUSP(B)) = 1, d.h.

f(-(SUSP(A ∧ B)) = 2.

Damit ist nachgewiesen, daß

-(A ∧ B) --> -SUSP(A ∧ B) ∈ AG gilt.

Nun kommen wir zum zweiten Teil der Behauptung. Die Induktionsvoraussetzung für diesen Teil lautet:

-SUSP(A) --> -*A, -SUSP(B) --> -*B ∈ AG,

d.h., für alle Belegungen f gilt:

Wenn f(SUSP(A)) = 1, so f(*A) = 1;

wenn f(SUSP(B)) = 1, so f(*B) = 1.

Zu zeigen ist -SUSP(A ∧ B) --> -*(A ∧ B) ∈ AG.

Dazu sei f eine Belegung mit f(-SUSP(A ∧ B)) = 2, d.h. mit

f(SUSP(A) ∧ SUSP(B)) = f(SUSP(A ∧ B)) = 1.

Dann gilt f(SUSP(A)) = 1 und f(SUSP(B)) ≠ 0 oder

f(SUSP(B)) = 1 und f(SUSP(A)) ≠ 0.

O.B.d.A. sei f(SUSP(A)) = 1 und f(SUSP(B)) ≠ 0.

Nach Induktionsvoraussetzung gilt dann f(*A) = 1. Zu zeigen ist f(-*(A ∧ B)) = 2, d.h. f(*A ∧ *B) = f(*(A ∧ B)) = 1.

Dazu genügt es zu zeigen, daß f(*B) ≠ 0 ist. Diesen Beweis führt man analog dem obigen indirekt.

'v':

Der Beweis dafür, daß

-(A v B) --> -SUSP(A v B) ∈ AG und

-SUSP(A v B) --> -*(A v B) ∈ AG

gilt, wird analog dem für '∧' geführt, so daß wir hier auf die Ausführung verzichten können.

'-->':

-(A --> B) --> -SUSP(A --> B)

≡ -(A --> B) --> -(A --> B) ∈ AG,

-SUSP(A --> B) --> -*(A --> B)

≡ -(A --> B) --> (A --> B) ∈ AG.

'<->':

Der Beweis für '<->' verläuft vollkommen analog zu dem für '-->'.

Damit ist der induktive Beweis komplett.

In der umgekehrten Richtung gelten die im eben bewiesenen Satz angegebenen Folgerungen nicht, d.h., aus -SUSP(A) folgt im allgemeinen nicht -A, und aus -*A folgt im allgemeinen nicht -SUSP(A). Dies kann man sich anhand der Ausdrucksform

(4-26) A = o(oN ∧ S) ∧ E

klarmachen. Wenn man nämlich voraussetzt, daß N, S und E präsuppositionslose Ausdrücke (mit *N ≡ N, *S ≡ [illegible] ≡ E) sind, erhält man

-A ≡ o(oN ∧ S) ∧ -E,

-SUSP(A) ≡ oN ∧ (-S v -E),

-*A ≡ -N v -S v -E.

Diese drei Ausdrücke sind in der folgenden Wahrheitstabelle zusammengefaßt; da N, S und E als präsuppositionslos vorausgesetzt sind, können sie (N, S und E) nur die Werte 2 oder 1 annehmen.

						-A				-SUSP(A)				-*A			
N	S	E	o	(o N	∧ S)	∧	-E	o N	∧	(-S	v	-E)	-N	v	(-S	v	-E)
.			!	.	:	v	.	.	v	.	:	.	.	v	.	:	.
2	2	2	2	2	2	1	1	2	1	1	1	1	1	1	1	1	1
2	2	1	2	2	2	2	2	2	2	1	2	2	1	2	1	2	2
2	1	2	0	2	1	0	1	2	2	2	2	1	1	2	2	2	1
2	1	1	0	2	1	0	2	2	2	2	2	2	1	2	2	2	2
1	2	2	0	0	0	0	1	0	0	1	1	1	2	2	1	1	1
1	2	1	0	0	0	0	2	0	0	1	2	2	2	2	1	2	2
1	1	2	0	0	0	0	1	0	0	2	2	1	2	2	2	2	1
1	1	1	0	0	0	0	2	0	0	2	2	2	2	2	2	2	2

An dieser gemeinsamen Wahrheitstabelle für -A, -SUSP(A) und -*A (die Ergebnisspalten sind jeweils die durch v gekennzeichneten Spalten unter dem Hauptfunktor) sieht man deutlich, daß die Ausdrücke von links nach rechts auseinander folgen, von rechts nach links jedoch nicht.

<u>Satz</u> (SUSP *erfüllt (4-24).1*)

Die Suspensionsfunktion erfüllt die Bedingung (4-24).1, d.h., es gilt für alle elementaren EAK-Ausdrücke A:

*SUSP(A) ≡ *A

Beweis:

(1) Für alle Aussagenvariablen pi gilt:

*SUSP(pi) = *pi;

(2) *SUSP(-A) = *-SUSP(A) = *-A (wegen (4-28) und obigem Hilfssatz),

*SUSP(oA) = *A ≡ *oA,

*SUSP(*A) ≡ **A,

*SUSP(±A) ≡ *±A;

*SUSP(A ∧ B) = *(SUSP(A) ∧ SUSP(B))

≡ *SUSP(A) ∧ *SUSP(B)

≡ *A ∧ *B ≡ *(A ∧ B).

Für 'v' verläuft der Beweis vollkommen analog.

$$*SUSP(A \dashrightarrow B) \equiv *(A \dashrightarrow B),$$

$$*SUSP(A \leftrightarrow B) \equiv *(A \leftrightarrow B).$$

Wir wollen nun den Nachweis für den zweiten Teil der Eigenschaft (4-24) führen sowie dafür, daß die induktiv definierte Suspensionsfunktion SUSP für die betrachteten Ausdrucksformen (4-25) – (4-27) die gewünschten Ergebnisse liefert. Die Ausdrucksform

(4-25) $A = oP \wedge E$

ist dabei ein Spezialfall von

(4-26) $A = o(oN \wedge S) \wedge E$, und

(4-27) $A = o(oN \wedge S) \wedge E$ // ALL ## ANN

läßt sich auf (4-26) zurückführen.

Wir werden also sowohl beim folgenden Beweis des zweiten Teils der Eigenschaft (4-24) als auch bei allen folgenden Betrachtungen zur Präsuppositionssuspension als Standardform der aussagenlogischen Verknüpfung von nichtsuspendierbarer Präsupposition N, suspendierbarer Präsupposition S und eigentlicher Bedeutung E (wobei Allegation und Annegation als Teile von Implikationen in der suspendierbaren Präsupposition enthalten sind) die Form

(4-26) $A = o(oN \wedge S) \wedge E$

verwenden, wobei N, S und E keine 'o'-Vorkommen mehr enthalten sollen. Die Festlegung einer solchen Standardform als Argument für die Suspensionsfunktion SUSP ist ja wegen deren Nicht-Wahrheitsfunktionalität und der damit verbundenen "Unart", daß sie die semantische Äquivalenz nicht vererbt, notwendig.

Die Wahl der Standardform (4-26) hat zur Folge, daß alle nichtsuspendierbaren Präsuppositionen eine zusätzliche Markierung mit dem Funktor 'o' bekommen müssen, und zwar derart, daß gesichert ist, daß diese Zusatz-'o' vor einer möglichen Anwendung der Suspensionsoperation nicht wieder verschwinden kann (etwa durch nachfolgende äquivalente Umformungen).

<u>Satz</u> (SUSP *erfüllt die Forderung (4-24).2*)

Es seien N, S und E elementare EAK-Ausdrücke, die keine 'o'-Vorkommen enthalten; es sei

$$A = o(oN \wedge S) \wedge E.$$

Dann gilt:

(1) $SUSP(A) = oN \wedge S \wedge E$;

(2) $-A \wedge -E$ ist erfüllbar (falls $-A$ erfüllbar),
$-A \wedge -S$, $-A \wedge -N$ sind kontradiktorisch;

(3) $-SUSP(A) \wedge -S$ ist erfüllbar (falls $-S$ erfüllbar),
$-SUSP(A) \wedge -N$ ist kontradiktorisch.

Beweis:

(1) $SUSP(A) = SUSP(o(oN \wedge S) \wedge E)$
$= SUSP(o(oN \wedge S)) \wedge SUSP(E)$ (nach Definition
$= oN \wedge S \wedge SUSP(E)$ von SUSP)
$= oN \wedge S \wedge E$ (nach Hilfssatz, da E 'o'-frei)

(2) $-A \wedge -E \equiv (o(oN \wedge S) \wedge -E) \wedge -E$
$\in o(oN \wedge S) \wedge -E \equiv -A$

$-A \wedge -E$ ist also erfüllbar, falls $-A$ erfüllbar ist.

$-A \wedge - S \equiv (o(oN \wedge S) \wedge -E) \wedge -S$
$\equiv oN \wedge oS \wedge -E \wedge -S$

$-A \wedge -S$ ist also kontradiktorisch (d.h., es gibt keine Belegung f mit $f(-A \wedge -S) = 2$), da $oS \wedge -S$ ein kontradiktorischer konjunktiver Bestandteil von $-A \wedge -S$ ist.

Daß $-A \wedge -N$ kontradiktorisch ist, läßt sich vollkommen analog zeigen.

(3) $-SUSP(A) \wedge -S \equiv oN \wedge -(S \wedge E) \wedge -S$
$\equiv oN \wedge (-S \vee_p -E) \wedge -S$
$\equiv oN \wedge o(\hat{\imath}S \wedge \hat{\imath}E) \wedge (-S \vee -E) \wedge -S$
$\equiv oN \wedge o\hat{\imath}S \wedge o\hat{\imath}E \wedge -S$
$\equiv oN \wedge o\hat{\imath}E \wedge -S$, da $o\hat{\imath}S$ in $-S$ enthalten ist.

Wenn wir also als Normalfall voraussetzen, daß N erfüllbar und E präsuppositionslos ist (da alle Präsuppositionen schon in N oder S enthalten sein sollen), dann ist $-SUSP(A) \wedge -S$ erfüllbar, wenn nur $-S$ erfüllbar ist.

$-SUSP(A) \wedge -N \equiv oN \wedge -(S \wedge E) \wedge -N$

ist kontradiktorisch, da es den kontradiktorischen Bestandteil $oN \wedge -N$ enthält.

Wir haben also mit der Funktion SUSP ein geeignetes formales

Mittel zur Behandlung der Präsuppositionssuspension im Rahmen unseres Ansatzes bereitgestellt und seine Wirkungsweise auf Ausdrücke in der Standardform (4-26) untersucht. In Kapitel 7 werden wir das Funktionieren des Suspensionsmechanismus anhand von dort bereitgestellten Repräsentationen sprachlicher Beispiele demonstrieren.

In diesem Zusammenhang muß noch eine Bemerkung zur Ausdehnung des Definitionsbereichs der Suspensionsfunktion SUSP gemacht werden. Die Funktion SUSP ist bisher nur für *elementare* EAK-Ausdrücke definiert. Die semantischen Repräsentationen, auf die sie angewendet werden soll, sind aber *allgemeine* EAK-Ausdrücke, d.h. elementare EAK-Ausdrücke, bei denen für alle vorkommenden Aussagenvariablen *zulässige p-Substitute*, d.h. INST-Ausdrücke, e-haltige primitive prädikative Ausdrücke oder primitive relationale Ausdrücke, eingesetzt worden sind. Da die Funktion SUSP nur auf der aussagenlogischen Grundstruktur eines EAK-Ausdrucks und nicht unterhalb der Ebene der zulässigen p-Substitute operieren soll, ist die Erweiterung des Definitionsbereichs von SUSP auf die Menge der allgemeinen EAK-Ausdrücke sehr einfach.

Definition (SUSP *für allgemeine EAK-Ausdrücke*)
Es sei A ein allgemeiner EAK-Ausdruck, d.h., es existiere ein elementarer EAK-Ausdruck B mit den Aussagenvariablen q1,... ...,qn und zulässige p-Substitute C1,...,Cn, so daß

A = B(q1/C1,...,qn/Cn)

ist (simultane Einsetzung). Dann ist SUSP(A) folgendermaßen definiert:

SUSP(A) = (SUSP(B))(q1/C1,...,qn/Cn).

Es wird also zunächst die Suspensionsfunktion auf den unterliegenden elementaren EAK-Ausdruck angewendet und anschließend die Einsetzung der zulässigen p-Substitute durchgeführt, wobei letztere gegenüber dem Ausgangsausdruck nicht verändert werden.

4.5. Suspendierbare Folgerungen. Ein Ausblick

Wir wollen im folgenden noch einige Bemerkungen zu einer möglichen Erweiterung des eben beschriebenen formalen Suspensionsmechanismus für Präsuppositionen machen.

Unsere Grundannahme für die Präsuppositionsbehandlung war ja - wie bereits an verschiedenen Stellen erwähnt - , daß die präsuppositionsbewahrende Lesart der Negation so stark präferiert ist (und die Ausnahmen zudem an spezielle Kontexte gebunden sind), daß es uns gerechtfertigt erscheint, Präsuppositionen als Folgerungen sowohl aus dem affirmativen als auch aus dem (unter Normalbedingungen) negierten Satz zu behandeln und für die Ausnahmen einen speziellen formalen Korrekturmechanismus bereitzustellen.

Nun kann man in einem Satz wie

(4-29) *Karl hat Anna nicht geweckt.*

nicht nur eine Präferenz der Bewahrung der Präsuppositionen, etwa von

(4-30) *Anna hat (vorher) geschlafen.* ,

ausmachen, sondern auch eine Präferenz gewisser Folgerungen aus einem solchen negierten Satz, etwa daß

(4-31) *Anna schläft weiter.*

unter Normalbedinungen aus (4-29) folgt.

Nun scheint uns diese Präferenz zwar nicht ganz so deutlich wie die der Präsuppositionsbewahrung, auch sind die Ausnahmen dazu nicht an genau die gleichen Kontexte gebunden, aber es erscheint uns durchaus als sinnvoll, für solche Folgerungen eine analoge Behandlung wie bei den suspendierbaren Präsuppositionen ins Auge zu fassen, d.h. die entsprechenden Bedeutungsbestandteile (die wir *suspendierbare Folgerungen* nennen wollen) statt als Allegationen als eigentliche Bedeutung bzw. als Adäquivalenz zu behandeln und den Suspensionsmechanismus so zu erweitern, daß er zusätzlich zur Präsuppositionssuspension eine weitere Aufgabe erfüllt: die Umwandlung suspendierbarer Folgerungen in Allegationen. Daß dies möglich ist, daß also für die Formalisierung des Konzepts *suspendierbare Folgerung* keine neuartigen formalen Hilfsmittel bereitgestellt werden müssen, zeigt die Leistungsfähigkeit des im vorigen Abschnitt beschriebenen Suspensionsmechanismus.

Unter einer suspendierbaren Folgerung eines Ausdrucks A wollen wir einen Ausdruck B verstehen, für den gilt:

A --> B ist allgemeingültig,

-A --> -B ist allgemeingültig und

-FSUSP(A) --> -B ist nicht allgemeingültig,

wobei FSUSP(A) der durch *Folgerungssupension* aus A entstandene Ausdruck ist. Anm. 11

Wie kann nun die Erweiterung des Suspensionsmechanismus formal durchgeführt werden? Dies soll im folgenden kurz skizziert werden:

Dazu betrachten wir einen Ausdruck A, der folgende Bestandteile enthält:

N als nicht suspendierbare Präsupposition,

S als suspendierbare Präsupposition,

E als Bestandteil der eigentlichen Bedeutung,

F als Allegation.

Wir unterscheiden dabei zwei Fälle, den symmetrischen und den asymmetrischen Fall.

(1) Der symmetrische Fall:

E und F sind beide sowohl Bestandteile der eigentlichen Bedeutung als auch Allegationen. Dies liegt vor, wenn $E \wedge F$ eigentliche Bedeutung ist (vgl. Abschnitt 3.4). Die Standarddarstellung für einen Ausdruck mit diesen Bestandteilen ist nach Abschnitt 4.4:

(4-32) $A = o(oN \wedge S) \wedge (E \wedge F)$

Wir setzen, wie auch schon früher, voraus, daß die maximalen Präsuppositionen der Bestandteile der eigentlichen Bedeutung bereits in den Präsuppositionsteil des Ausdrucks gezogen worden sind, so daß wir E und F als präsuppositionslose Ausdrücke voraussetzen können (und folglich die entsprechenden Rechenregeln benutzen können, z.B. die Identifizierung von '$\vee$' und '$\vee_p$').
Daraus ergibt sich dann:

$$-A \equiv o(oN \wedge S) \wedge -(E \wedge F)$$
$$\equiv o(oN \wedge S) \wedge (-E \vee -F) .$$

Im Negationsfall folgt also bei dieser Darstellung weder -E noch -F. Statt dessen gilt eine der drei "Elementarkonjunktionen"

$-E \wedge -F$, $-E \wedge F$ oder $E \wedge -F$. Wenn wir nun (im symmetrischen Fall) sowohl E als auch F als suspendierbare Folgerung behandeln wollen, d.h. die Lesart $-E \wedge -F$ als stark präferent ansehen, müssen wir nach einem formalen Mittel suchen, das bei Negation im Normalfall die Folgerung von $-E \wedge -F$ ermöglicht, bei Negation im Suspensionsfall dagegen weiterhin nur die von $-E \vee -F$.

Darüber hinaus ist das Problem zu lösen, Folgerungs- und Präsuppositionssuspension mit einem einheitlichen Mechanismus zu behandeln, aber trotzdem sauber voneinander trennen zu können.

Der Lösungsvorschlag besteht wie die Problemstellung aus zwei Teilen:

(I) Statt $E \wedge F$ als eigentliche Bedeutung (und damit E und F als Allegationen) aufzufassen, betrachten wir E als eigentliche Bedeutung und F als Adäquivalenz (oder F als eigentliche Bedeutung und E als Adäquivalenz - beides ist gleichwertig) und betrachten den der Adäquivalenz entsprechenden zusätzlichen Präsuppositionsanteil als suspendierbar:

$$A = o(oN \wedge S \wedge (E \dashrightarrow F) \wedge (-E \dashrightarrow -F)) \wedge (E \wedge F)$$
$$\equiv o(oN \wedge S \wedge (E \dashrightarrow F) \wedge (-E \dashrightarrow -F)) \wedge E$$
$$\equiv o(oN \wedge S \wedge (E \dashrightarrow F) \wedge (-E \dashrightarrow -F)) \wedge F$$

(Aus Symmetriegründen bevorzugen wir die oberste Form, die zu den beiden unteren äquivalent ist; "A" ist natürlich von Absatz zu Absatz als "neue Version von A" zu lesen.)

(II) Wir führen auf der Grundlage der im vorigen Abschnitt definierten Suspensionsfunktion SUSP eine Funktion für Folgerungssuspension FSUSP und eine Funktion für Präsuppositionssuspension PSUSP ein, erhöhen die "o-Tiefe" der Standardform für die Suspension um 1 und definieren die Funktionen FSUSP und PSUSP derart, daß sie mit dem aus naheliegenden Gründen sinnvollen Prinzip "Erst Folgerungssuspension, dann Präsuppositionssuspension!" konform gehen. Die endgültige Form des Ausdrucks ist dann die folgende:

$$A = o(o(oN \wedge S) \wedge (E \dashrightarrow F) \wedge (-E \dashrightarrow -F)) \wedge (E \wedge F)$$

Die Suspensionsfunktionen sind folgendermaßen definiert:

FSUSP(A) := SUSP(A) (Folgerungssuspension)

PSUSP(A) := SUSP(SUSP(A)) (Präsuppositionssuspension)

Die Funktion FSUSP tilgt also alle äußersten o-Vorkommen, die Funktion PSUSP tut das mit allen äußersten und zweitäußersten 'o'-Vorkommen.

Man kann nun nachweisen, daß die erwünschten Eigenschaften gelten. Wir geben einige wichtige Äquivalenzen an:

$*A \equiv N \wedge S \wedge E \wedge F$,

$*{-A} \equiv N \wedge S \wedge -E \wedge -F$,

$*{-FSUSP(A)} \equiv N \wedge S \wedge (-E \vee -F)$ (E bzw. F werden also in einem suspendierenden Kontext akzeptiert.)

Bei Präsuppositionssuspension gelten die aus dem vorigen Abschnitt bekannten Eigenschaften.

Beipiele, bei denen ein solches Vorgehen sinnvoll wäre, finden sich im Abschnitt 7.1 (etwa das kausative Verb *wecken*).

(2) Der asymmetrische Fall:
E ist eigentliche Bedeutung, F ist Allegation. Die Standarddarstellung sieht dann folgendermaßen aus:

(4-33) $A = o(oN \wedge S \wedge (E \text{ --> } F)) \wedge E$

Für die Negation unter Normalbedingungen erhalten wir

$*{-A} \equiv N \wedge S \wedge -E$,

d.h., es folgt weder F noch -F.

Wenn wir nun F als suspendierbare Folgerung behandeln wollen, dann muß A so abgeändert werden, daß aus (*)-A auch -F folgt, aus (*)-SUSP dagegen nicht. Dazu wandeln wir F von einer Allegation in eine Adäquivalenz um, indem wir die Implikation (-E --> -F) als zusätzliches Konjunkt so in den Präsuppositionsbereich aufnehmen, daß es als einziges von der Funktion FSUSP erfaßt wird:

$A = o(o(oN \wedge S \wedge (E \text{ --> } F)) \wedge (-E \text{ --> } -F)) \wedge E$

Auch hier gelten die erwünschten Äquivalenzen:

$*A \equiv N \wedge S \wedge E \wedge F$,

$*{-A} \equiv N \wedge S \wedge -E \wedge -F$,

$*{-FSUSP(A)} \equiv N \wedge S \wedge -E$ (F wird also in einem suspendierenden Kontext akzeptiert.)

Beispiele, bei denen ein solches Vorgehen sinnvoll wäre, sind die Besitzwechselverben, z.B. *geben* (siehe Abschnitt 7.1).

Die eben skizzierte formale Behandlung von suspendierbaren Folgerungen wird in den in Kapitel 7 folgenden Betrachtungen zu den präsuppositionssensitiven Semembeschreibungen noch nicht auf die dort betrachteten Beispiele angewendet werden. Die Repräsentationen werden dort zunächst ohne Einbeziehung des Suspensionsmechanismus entwickelt, anschließend wird die Einbeziehung des Mechanismus der Präsuppositionssuspension vorgeführt, und schließlich werden gewisse alternative Darstellungen unter Berücksichtigung der Möglichkeit der Behandlung suspendierbarer Folgerungen diskutiert. Das Funktionieren des formalen Mechanismus ist dann anhand der in diesem Abschnitt gegebenen Skizze in Analogie zur Präsuppositionssuspension nachvollziehbar.

Insgesamt haben wir damit ein weiteres Mittel in der Hand, um aus negierten Sätzen im Normalfall möglichst viele Folgerungen ziehen zu können, ohne die dabei möglichen Ausnahmen zu vernachlässigen.

5. Die Instantiierung im Lichte der präsuppositionssensitiven Betrachtungsweise

5.1. Ereignisse als Instanzen von Propositionen

BIERWISCH (1986, 1988a, 1988b) hat unter Bezug auf REICHENBACH (1947) in seine semantischen Repräsentationen als einen besonderen Typ von Argumenten, von dem er mit großem Nutzen Gebrauch macht, Symbole (e, e1 etc.) für *Ereignisse* einbezogen. 'Ereignis' wird dabei nicht im engeren, sondern im weiteren Sinne verstanden: als Oberbegriff, der noch zu unterteilen ist in 'proper events', Zustände etc.; hier gibt es weit verbreitete Klassifikationsversuche, am berühmtesten ist wohl der von VENDLER (1967). Wir nehmen bei unseren Betrachtungen zu Ereignisstrukturtypen (s.u. Kapitel 6) die Einteilung von SCHUMACHER (1986) als Ausgangspunkt. Auch er verwendet 'Ereignis' als Oberbegriff: Bei ihm ist ein Ereignis ein "Sachverhalt, der an ein Zeitintervall gebunden ist", und "ein Sachverhalt ist ein Aspekt der Welt, der aus der Welt herausgegriffen und mit einem Satz ausgedrückt werden kann".

Das Ereigniskonzept, das sich für unsere Untersuchungen zur Logik semantischer Repräsentationen schlechthin als notwendig erweist, benutzen wir als ein *Hilfsmittel*, und wir erheben nicht den Anspruch, einen Beitrag zur Ontologie von Ereignissen zu leisten. An das vielgestaltige Bemühen um den Ereignisbegriff in der Semantik knüpfen wir in einem Punkt an, der unserem Untersuchungsziel dienlich ist. Wir hoffen, daß wir - mit den im weiteren Verlauf der Arbeit folgenden Betrachtungen zur *unter der Negation invarianten Ereignis-Grundstruktur* - einen nützlichen Diskussionsbeitrag liefern.

Im Unterschied zu SCHUMACHER (1986:838) fassen wir auch die von ihm zeitlos genannten Sachverhalte (sein Beispiel: 2×2=4) als zeitgebundene Sachverhalte auf. Betrachten wir sie mit dem Alltagsverständnis (das ja die Richtschnur der benutzten Ontologie ist) als an ein unbegrenztes Zeitintervall gebunden, so erfüllen sie - wir machen einen Vorgriff auf einen Begriff, der in Kapitel 6 eingeführt wird - das Kriterium der Gleichförmigkeit: Die sie beschreibende Proposition gilt auch während eines jeden ihrer Teilereignisse.

Formal geschieht die Einbeziehung der Ereignissymbole bei Bierwisch durch das Prädikat INST (*Instantiierung* - "e instantiiert A" oder "e ist eine Instantiierung von A"; wir werden auch sagen: "e ist eine Instanz von A"). INST ist zweistellig und ordnet einem Paar (Ereignis, Proposition) eine Proposition zu. Die Instantiierung einer Proposition wird - wir sehen dies im Einklang mit dem obigen Zitat aus SCHUMACHER (1986) - als *räumlich-zeitliche Einordnung* verstanden, auch als Repräsentation des referentiellen Bezugs einer Proposition zu einem durch diese Proposition gekennzeichneten Ereignis. In vereinfachender mengentheoretischer Betrachtungsweise könnte man eine Proposition A als Beschreibung einer Klasse von Ereignissen ansehen, und 'INST(e,A)' würde besagen, daß e der durch A beschriebenen Klasse angehört.

KUNZE (1988) macht sich die Instantiierungsfunktion dafür zunutze, daß er zeigt, wie sich die Unterscheidung zwischen obligatorischen und fakultativen Aktanten formal-semantisch beschreiben läßt. Für dieses Phänomen wird dadurch ein wichtiger Beitrag zur Erklärung geliefert. Das von KUNZE formulierte Kriterium stützt sich wesentlich auf den Begriff der *semantischen Emphase*, dem er folgendermaßen formale Gestalt verleiht:

Ist ein Ereignis e eine Instantiierung der Proposition $P(A_1,A_2)$, wobei P ein semantisches Prädikat mit den zwei propositionalen Argumenten A_1 und A_2 ist, so wird angenommen, daß e aus zwei Komponenten besteht, e = (e1,e2), derart, daß e1 eine Instantiierung von A_1, e2 eine Instantiierung von A_2 ist und daß eine der beiden Komponenten e1 und e2 zur *Hauptinstantiierung*, die andere zur *Nebeninstantiierung* erklärt ist; die Hauptinstantiierung repräsentiert dann die *semantische Emphase.* Ziel dieses Kapitels ist es nicht, KUNZEs Untersuchungen zur Emphase weiterzuführen; wir haben sie hauptsächlich deshalb erwähnt, weil sie zwei methodische Ideen enthalten, die das Verständnis vom Umgang mit dem Prädikat INST in einer auch für unser Thema interessanten Richtung fördern.

Diese beiden methodischen Gedanken - sie stehen miteinander in Zusammenhang - sind erstens das gerade erwähnte Strukturierungsprinzip der Zerlegung eines Ereignisses e in Komponenten, wir werden weiter unten noch einmal darauf zu sprechen kommen, und zweitens der Gedanke, mit dem Prädikat INST allgemein so umzugehen, wie das BIERWISCHsche Beispiele schon nahelegen, nämlich nach dem Prinzip der Rekursion. Hierauf gehen wir jetzt ein. Es läuft auf die Forderung nach sogenannten *Instantiierungsregeln* für semantische Prädikate hinaus:

Instantiierungsregeln ermöglichen die Zurückführung der Instantiierung eines komplexen prädikativen Ausdrucks auf Instantiierungen seiner propositionalen Argumente. Eine Instantiierungsregel für das Prädikat P oder den Funktor F ist eine Äquivalenz, bei der auf der einen Seite ein Ausdruck der Form

INST(e,P(A)), INST(e,P(A,B)), ... ,

INST(e,F(A)), INST(e,F(A,B)), ... ,

(je nachdem, wieviel Argumente P bzw. F hat) steht und auf der anderen Seite ein (im allgemeinen aussagenlogisch komplexer) Ausdruck, in dem als zweites Argument von INST nur noch weniger komplexe Ausdrücke vorkommen. In Kapitel 7 werden uns im Zusammenhang mit verschiedenen für Verbbedeutungen konstitutiven semantischen Prädikaten die Instantiierungsregeln hilfreich sein bei der Darstellung grundlegender semantischer Mechanismen in bezug auf Negation und Präsuppositionen.

Erwähnung verdienen in diesem Zusammenhang auch die Ereignisknoten in den semantischen Netzen von H. HELBIG (1978 und 1979). Der Bezug zwischen ihnen und den Verbkonzepten wird mit Hilfe einer Relation SUBA hergestellt, die (dieser Zusammenhang ist beabsichtigt) gleichermaßen auch zur Darstellung von Hyperonymiebeziehungen zwischen Handlungen benutzt wird (1979:45). Der Vergleich zwischen diesem auf die Wissensrepräsentation zugeschnittenen HELBIGschen Ansatz und den linguistisch orientierten Untersuchungen zum Verhältnis von Propositionen und Ereignissen wäre einer gesonderten Untersuchung wert.

5.2. Weiteres zur Rechtfertigung der Hinzunahme des Prädikates INST in die semantischen Repräsentationen

Neben den verschiedenen Gründen, die für die Nützlichkeit der (durch INST oder sonstwie geleisteten) Einbeziehung von Termen für Ereignisse sprechen, gibt es noch einen ganz unmittelbaren. Er zeigt sich in der Problematik des semantischen Prädikats BECOME.

Wenn wir etwa einen einfachen Beispielsatz wie

Anna wacht auf.

betrachten, erhalten wir als gängigste semantische Repräsentation etwas Ähnliches wie

BECOME(AWAKE(Anna)).

Eine solche Repräsentation erscheint intuitiv als plausibel. Dagegen erweckt eine Darstellung wie

INST(e,BECOME(AWAKE(Anna)))

auf den ersten Blick den Verdacht der Einbeziehung von etwas Metasprachlichem oder der Hinzufügung eines künstlichen Zusatzes. Eine angemessene semantische Repräsentation von BECOME ist zwar ohne Bezug auf die Ereignisstruktur schlechterdings nicht denkbar (wir gehen später noch auf sie ein), so daß der Nutzen der Verwendung des Prädikates INST für die Ausdrucksfähigkeit des Formalismus und für die Feinheit der in ihm möglichen Beschreibungen unbestreitbar ist. Es erhebt sich aber dennoch die Frage:

Wird dieser Nutzen durch Abstriche an der Intuitionsfreundlichkeit der Repräsentationen erkauft oder ist die Instantiierung auch ein intuitiv plausibler Bestandteil der semantischen Repräsentation von Sätzen?

Wir wollen im folgenden einige Aspekte anführen, die für die zweite Antwort sprechen.

Der Sprecher/Hörer/Leser assoziiert im allgemeinen mit jedem Satz wie etwa dem obigen Beispielsatz eine räumlich-zeitliche Einordnung. Die mentale Repräsentation eines Satzes erschöpft sich also im allgemeinen nicht in der Angabe einer Proposition, sondern sie beinhaltet auch das Inbeziehungsetzen eines gewissen Ereignisses zum propositionalen Gehalt des Satzes. Die erwähnte räumlich-zeitliche Einordnung wird determiniert durch den Kontext, durch Diskurswissen und Weltwissen des Sprechers/Hörers/Lesers und kann eingeschränkt werden durch gewisse propositionale Anteile im Satz.

Das grundlegende semantische Prädikat, das diese Zuordnung zwischen Ereignissen und Propositionen beschreibt, ist, wie bereits mehrfach angedeutet, das Prädikat INST vom Typ (e,p). Wir vertreten die These, daß sich im wesentlichen alle Prädikate mit propositionalen Argumenten durch Instantiierungsregeln auf INST und auf Prädikate mit nichtpropositionalen Argumenten reduzieren lassen, d.h. daß alle anderen Prädikate mit propositionalen Argumenten als lediglich aus Bequemlichkeits- und Übersichtlichkeitsgründen benutzte Abkürzungen für weiter ausbuchstabierte komplexe Ausdrücke angesehen werden können. Dies findet auch seinen Niederschlag in der Definition der allgemeinen EAK-Ausdrücke (s. Abschnitt 2.1).

Dementsprechend haben die weiter unten ausgeführten Instantiierungsregeln je eine von zwei verschiedenen Rollen: Sie sind zu lesen

(1) entweder als eine semantische Äquivalenz (bzw. als ein Schema semantischer Äquivalenzen) innerhalb des EAK,
  Beispiel: Das Äquivalenzenschema

  INST(e,*A) ≡ * INST(e,A) ,

  wobei A als Metavariable für einen e-freien prädikativen EAK-Ausdruck steht,

(2) oder als definierende Äquivalenzen, nämlich dann, wenn in einem Ausdruck der Form

  INST(e,P(...))

  P ein Prädikat mit wenigstens einem propositionalen Argument ist, zum Beispiel BECOME oder CAUSE. Solche Prädikate gehören, wie schon erwähnt, nicht zu den Grundzeichen des EAK; sie werden durch die jeweilige Instantiierungsregel definiert, und zwar gemäß intuitiv plausibler logischer Dekomposition.

  Beispiel: Im Vorgriff auf Kapitel 6 sehen wir uns schon einmal die Instantiierungsregel für das Prädikat BECOME an:

```
(6-24)  INST(e,BECOME(A))
        ≡ ((   o (TRANSITIO (e)
                  ∧ INST(init(e),-A) )
            ∧  INST(fin(e),A)          )
            // INST(medium(e),MON'A)    )
            ## INST(medium(e),-A)
```

Der Ausdruck INST(e,BECOME(A)) enthält das Prädikat BECOME mit propositionalem Argument. Auf der rechten Seite der Äquivalenz kommen keine Prädikate mit propositionalem Argument mehr vor. Auch hinter MON'A verbirgt sich kein solches; auf

MON'A wird unten in Abschnitt 6.4 eingegangen. Die Funktoren '//' (Allegation) und '##' (Annegation) sind in Abschnitt 3.4 eingeführt worden, ihre Rolle kommt auch im Abschnitt 6.4 noch einmal zur Sprache.

Eine definierende Äquivalenz in dem Sinne hinzuschreiben, wie es unter (2) ausgeführt wird, ist eine Laxheit im Interesse der leichteren Lesbarkeit, der Nähe zur Intuition; explizit müßte BECOME definiert werden als das Prädikat, das jedem Ereignis $e \in E$ und jeder Proposition A diejenige Proposition zuordnet, die durch den Ausdruck auf der rechten Seite von (6-24) repräsentiert wird.

5.3. Zur Begründung des Lösungsvorschlags zur Instantiierungsregel für die Negation

Wie in den beiden vorigen Abschnitten mehrfach erwähnt, ist eine *Instantiierungsregel* eine Äquivalenz, deren linke Seite ein Ausdruck der Form

INST(e,P(A1,...,An)) oder INST(e,F(A1,...,An))

(n=1,2,...)

ist und auf deren rechter Seite ein Ausdruck steht, in dem als zweites Argument von INST nur noch weniger komplexe Ausdrücke vorkommen. Damit ist die Instantiierungsregel ein Mittel, komplexere auf einfachere Instantiierungen zurückzuführen. Eine wichtige offene Frage, auf die schon BIERWISCH hinweist, ist nun die Frage nach einer Instantiierungsregel für die Negation:

> *Wie läßt sich eine Instantiierung der Proposition -A auf eine Instantiierung der Proposition A zurückführen?*

Diese Frage ist formal auf zweierlei Weise zu lesen, hat aber in beiden Fällen denselben intuitiven Sinn. Es geht um die Frage, die nachher die Überschrift eines Unterabschnitts sein wird:

Was ereignet sich, wenn sich etwas nicht ereignet?

Formal müssen wir - entsprechend den beiden möglichen Rollen einer Instantiierungsregel (vgl. (1) und (2) oben im Abschnitt 5.2) die beiden Fälle unterscheiden, daß sich hinter "A"

(1) ein die Proposition repräsentierender *e-freier prädikativer EAK-Ausdruck* (vgl. Unterabschnitt 2.1.2) oder

(2) ein erst durch eine Instantiierungsregel zu definierendes Prädikat mit propositionalem Argument

verbirgt. Im zweiten Falle muß "-A" erst mit Hilfe von INST definiert werden. Die Instantiierungsregel für die Negation, auf die wir jetzt gerade zugehen, wird für diesen Fall die definierende Äquivalenz sein, für Fall (1) ist sie eine Konsequenz der Definitionen des 2. Kapitels. Für beide Fälle geht es somit jetzt um die intuitive Rechtfertigung der Definitionen.

Wir fragen also: Wenn das Ereignis e' die Proposition A und das Ereignis e ihr Negat -A instantiiert, was läßt sich dann über den Zusammenhang zwischen e und e' sagen? Intuitiv zunächst dies, daß e nicht die Proposition A instantiiert. Doch diese Feststellung ist - so weiter die Intuition - sicher nicht hinreichend: Wenn wir bloß wissen, daß ein Ereignis e nicht die Proposition A instantiiert, so braucht e durchaus nicht -A zu instantiieren, denn da '-' verabredungsgemäß als normale, Präsuppositionen nicht affizierende Negation zu interpretieren ist, trifft offensichtlich für jedes Ereignis e'', das mit den Präsuppositionen von A nicht verträglich ist, zu: e'' instantiiert weder A noch -A. Und wir können zunächst nur Implikation in einer Richtung konstatieren:

Wenn INST(e,-A), so nicht INST(e,A).

Bei dieser halb formalisierten Feststellung können wir uns fragen, ob mit dem darin enthaltenen *nicht* die präsuppositionsbewahrende oder die klassisch-logische Negation gemeint ist. Das Näherliegende ist wohl letzteres; so faßt es auch KUNZE auf; seine Feststellung (1988:356) wäre nach unseren Konventionen unter Zuhilfenahme des präsuppositions-ignoranten Negationsfunktors '¬' (der mit '- *' gleichbedeutend ist) folgendermaßen zu notieren:

Wenn INST(e,-A), so ¬ INST(e,A) .

Die Frage ist nun, wie wir von dieser Implikation weiterkommen und die rechte Seite so abandern, daß, wie wir es als Instantiierungsregel brauchen, eine Äquivalenz entsteht. Noch einmal also fragen wir: Welche Zusammenhänge gibt es zwischen einer Instanz e von -A und einer Instanz e' von A?

(5.3-1) Die Normalnegation - so unsere These, die wir in Kapitel 6 untermauern werden - hat die durchaus nicht triviale Eigenschaft, daß sie *eine gewisse Grundstruktur des durch die unnegierte Proposition beschriebenen Ereignisses invariant läßt, das heißt, daß der negierte Satz ein Ereignis mit derselben Grundstruktur beschreibt.*

Wir werden der unter der Normalnegation invarianten Ereignis-Grundstruktur im weiteren Verlauf der Arbeit noch oft begegnen. Für den Augenblick soll, was gemeint ist, an folgendem Beispiel illustriert werden.

(5.3-2) ?? *Anna wacht nicht auf, sondern schläft.*

Dieser Satz wurde von unseren Informanten durchweg als sehr fragwürdig beurteilt. Akzeptabel ist er nur, wenn man ihn - mit etwas Augenzwinkern - uminterpretiert zu

(5.3-3) *Anna wacht nicht auf, sondern schläft weiter.*

Das liegt nun genau daran, daß der Satz *Anna wacht auf* ein Ereignis e mit derjenigen Grundstruktur beschreibt - wir werden ihr unter dem Namen TRANSITIO(e) (der im Vorgriff schon erwähnt wurde) noch ausführlich begegnen -, die dem *Zustandswechsel* und dem *Fortbestehen eines Zustandes* gemeinsam ist. Deshalb ist die Fortsetzung *sondern schläft weiter* korrekt, sie beschreibt das Fortbestehen eines Zustandes. Hingegen ist *sondern schläft* die Beschreibung des bloßen *Bestehens eines Zustandes*, das vom *Fortbestehen* sauber zu unterscheiden ist - denn eben darum wird die *sondern*-Fortsetzung des ersten Satzes als fragwürdig empfunden.

Wir sind der Meinung, daß es, gerade weil die Instantiierung keine willkürliche Hinzufügung von etwas Metasprachlichem zur semantischen Repräsentation, sondern vielmehr deren notwendige Vervollständigung ist, daß es deshalb adäquat ist, die Anwendung des Negationsfunktors auf einen Ausdruck der Form INST(e,A) nun ebenfalls nicht metasprachlich zu verstehen, also nicht in dem Sinne, daß -INST(e,A) mit einem metasprachlichen "nicht INST(e,A)" gleichgesetzt wird (das auch auf die e zuträfe, für die weder INST(e,A) noch INST(e,-A) gilt). Sondern -INST(e,A) soll - in Entsprechung zu der Invarianz der Ereignis-Grundstruktur - genau auf diejenigen e mit INST(e,-A) zutreffen. Mit anderen Worten:

(5.3-4) *Die durch den Ausdruck INST(e,A) dargestellte Proposition hat die Präsupposition, daß das durch sie, beschriebene Ereignis eine bestimmte Grundstruktur hat.*

Übrigens entspricht auch die Art und Weise, wie BIERWISCH (1986 und 1988c) in Beispielen von INST Gebrauch macht, dem hier entwickelten Gedankengang, der uns - in konsequenter Anwendung der Denkweise der präsuppositionssensitiven Logik - dazu geführt hat, auf die seit einiger Zeit anstehende Frage nach der Instantiierungsregel für den Negationsfunktor (vgl. KUNZE (1988:356)) eine überraschend einfache Antwort zu geben, nämlich

(5.3-5) (*Instantiierungsregel für die Negation*)
INST(e,-A) ≡ - INST(e,A).

Der linguistischen Begründung der Äquivalenz (5.3-5) war dieser Abschnitt und wird auch Kapitel 6 gewidmet sein. Wir leisten damit einen Teil der am Ende von Abschnitt 2.1.1 angekündigten Rechtfertigung der Definition und Interpretation der allgemeinen EAK-Ausdrücke (und auch der Rechtfertigung der Regeln für die Prädikate mit propositionalen Argumenten - vgl. die Unterscheidung (1)/(2) zu Beginn dieses und gegen Ende des vorigen Abschnittes). Der Rest der Rechtfertigung folgt in Kapitel 6 und besteht darin, daß die Instantiierungsregeln für die Funktoren 'o', '*' und '∧',

(5.3-6) INST(e,oA) ≡ o INST(e,A) ,

(5.3-7) INST(e,*A) ≡ * INST(e,A) ,

(5.3-8) INST(e,(A ∧ B)) ≡ INST(e,A) ∧ INST(e,B)

motiviert werden, aus denen sich die für die übrigen Funktoren durch den Vollständigkeitssatz (Abschnitt 2.3) ergeben.

6. Typen von Ereignisstrukturen

Die Instantiierungsregel für die Negation wurde im vorigen Kapitel durch These (5.3-1) begründet, die besagt, daß die Normalnegation eine gewisse Grundstruktur des durch den unnegierten Satz beschriebenen Ereignisses invariant läßt. Diese These soll in den folgenden Abschnitten ihre Begründung erfahren. Das geschieht durch Thesen, die ihrerseits durch die sprachliche Empirie begründet werden. Erst danach wird für die betreffende Ereignis-Grundstruktur eine formale Charakterisierung in der Sprache der präsuppositionssensitiven Logik angegeben, wobei sich die Verbindung des Prädikats INST mit dem EAK als fruchtbar erweist.

Zu Beginn erscheint uns eine grundsätzliche Bemerkung zum Verhältnis von negativen Sätzen zu Ereignissen angebracht.

6.1. Was ereignet sich, wenn sich etwas nicht ereignet?

Wir hatten im Abschnitt 5.1 SCHUMACHERs Bestimmung des Ereignisses als eines zeitgebundenen Sachverhalts übernommen mit der Modifikation, daß wir auch die "zeitlosen Sachverhalte" als zeitgebunden (gebunden an ein unbegrenztes Zeitintervall) betrachten. Wer damit befaßt ist, das Konzept der Instantiierung zu erfassen und anzuwenden, stellt sich durchaus erst einmal die Frage, ob negative Sätze überhaupt Ereignisse (jetzt im SCHUMACHERschen Sinne, also solche mit begrenzter zeitlicher Erstreckung) beschreiben. Um die Frage auf den Punkt zu bringen:

(6-1) Ereignet sich etwas, wenn ein (mental vorgestelltes) Ereignis *nicht stattfindet*?

Wir betrachten als Beispiele die beiden Sätze des Dialogs einer Bildunterschrift zu einer Erich-Schmitt-Zeichnung (Berliner Zeitung). Arzt zum Patienten, der auf dem Operationstisch liegt (die OP-Schwester hält sich die Nase zu):

(6-2) *"Mann, Sie haben sich aber sehr lange die Füße nicht gewaschen." – "Ich wußte ja nicht, daß ich einen Unfall haben werde."*

Der erste Satz enthält die Zeitbindung explizit: ein "sehr langes" Intervall, dessen Endpunkt der Sprecherzeitpunkt ist. Der zweite Satz enthält keine explizite Zeitangabe, und dieser Fall ist häufig. Es ist aber dennoch - und das ist die Regel - eine Zeitbindung vorhanden, hier geht sie klar aus dem geschriebenen Kontext hervor, in vielen Fällen ergibt sie sich aus dem Situationskontext. Wenn jemand sagt

Ich habe dich nicht gesehen. ,

so bezieht sich die negative Aussage auf eine den Dialogpartnern bewußte, zwar meist nicht präzise festgelegte, aber endliche Zeitspanne und keineswegs etwa auf die gesamte Vergangenheit der Welt bis zum Äußerungszeitpunkt.

Soviel zur Frage der Zeitbindung eines negativen Satzes. Wir verbleiben bei der Frage (6-1) und votieren dafür, daß es angemessen ist, auch von negativen Sätzen anzunehmen, daß sie nicht bloß etwas irgendwie Leeres, nicht bloß ein Nichtstattfinden eines gedachten Ereignisses beschreiben (das HEIDOLPH-Wort (1970:100f.) von der Negation als Blockierungsoperation sollte nicht in dieser Richtung interpretiert werden), sondern daß sie in der Tat ein (statt dessen) stattfindendes Ereignis beschreiben. Und um dessen Struktur geht es uns nun in den weiteren Abschnitten dieses Kapitels. Es liegt in der Natur der Negation, daß hierbei gewisse Dualitäten mit im Spiel sind, wie sie von G. LAKOFF (1970) beschrieben worden sind.

6.2. Bestehen von Zuständen, Fortbestehen von Zuständen und Zustandswechsel

Wir gehen von den drei grundlegenden Aktionsarten von Verben gemäß SCHUMACHER (1986:16) aus: Er unterscheidet

(a) Zustandsverben,

(b) Vorgangsverben,

(c) Kausativverben.

SCHUMACHER schränkt sich bei seiner Begriffsbestimmung von "Vorgang" (1986:837), wiewohl sie zunächst allgemeiner gefaßt ist ("Ereignis, das aus der Abfolge von mindestens zwei Zustanden besteht"), doch in den Beispielen sogleich auf Vorgänge aus zwei

Zuständen, dem Vorzustand und dem Nachzustand, ein. Auch wir schränken uns in dieser Weise ein, um mit dem, worum es uns in dieser Arbeit geht, an Annahmen anzuknüpfen, über die wenigstens in gewissem Maße Konsens besteht. Wir gehen also von

(6-3)(a) Zuständen,

(b) Vorgängen im Sinne der Abfolge eines Vor- und eines Nachzustandes sowie

(c) Kausationen

aus und zeigen auf dem hierdurch abgesteckten Feld die unter der Normalnegation invarianten Ereignis-Grundstrukturen einschließlich ihrer Repräsentationen mit Hilfe des um INST bereicherten EAK. Dies verteilt sich folgendermaßen auf die nächsten Abschnitte:

- Rest dieses Abschnitts: Erläuterung und Motivierung bezüglich (a) und (b),
- Abschnitt 6.3: Formales zu (a),
- Abschnitt 6.4: Formales zu (b),
- Abschnitt 6.5: Erläuterung, Motivierung und Formales zu (c).

Nun also zum Thema dieses Abschnitts. Wir beginnen mit einem nochmaligen Blick auf den Erich-Schmitt-Dialog (6-2), um am Beispiel das Verstehen dessen, was nachher in formaler Weise gesagt wird, zu erleichtern. In dem Dialog kommen alle drei in (6-3) aufgezählten Erscheinungen vor: *wissen* beschreibt einen Zustand, das Sauberwerden von Füßen ist ein Vorgang, und *waschen* ist ein kausatives Geschehen, nämlich das Verursachen des Sauberwerdens.

Lassen wir, wie eben verabredet, einstweilen die Kausation noch beiseite und betrachten wir Zustände und Zustandswechsel. Wir haben schon an dem Beispiel (5.3-1) in Abschnitt 5.3 demonstriert, daß es wichtig ist, zwischen dem *Bestehen* eines Zustandes und dem *Fortbestehen eines Zustandes* zu unterscheiden. Das *Fortbestehen eines Zustandes* (in semantischen Repräsentationen häufig mit dem Prädikat REMAIN wiedergegeben) ist durch die Gliederung in Vor- und Nachzustand mit dem *Zustandswechsel* verbunden (SCHUMACHER a.a.O. nennt sie sogar beide Vorgang) und vom *Bestehen eines Zustandes* unterschieden - wenn man diesen Unterschied auch vielleicht erst auf den zweiten Blick sieht.

Dies ist übrigens ein illustratives Beispiel dafür, daß Sprache nicht die Struktur der Welt direkt, sondern unsere mentale Repräsentation von dieser Struktur wiedergibt: Die Füße des Mannes aus (6-2) waren eine lange Zeit schmutzig, das ist der einfache Fakt (wenn wir von der Zunahme der Verschmutzung absehen). Erst die Sicht des Arztes macht diesen Zustand zu einem, der *fortbestanden* hat. Für den Patienten dürfte er wohl einfach nur *bestanden* haben.

Als Teilthese halten wir nach diesen Erläuterungen erst einmal die folgende fest, wobei daran erinnert sei, daß sich hinter '-' grundsätzlich die präsuppositionsbewahrende Negation verbirgt.

(6-4) *Die Normalnegation führt Propositionen, die einen Zustandswechsel besagen, in Propositionen über, die das Fortbestehen eines Zustandes besagen. Wenn der Wechsel im Eintreten des Zustandes A besteht, so führt die Normalnegation zum Fortbestehen des Zustandes -A.*

Wie steht es mit der Umkehrung von (6-4)? Trifft es auch zu, daß der Ereignistyp *Fortbestehen eines Zustandes* unter der Normalnegation in den Ereignistyp *Zustandswechsel* übergeht?

Diese Frage kann wohl, geleitet durch die Intuition, ohne viel Federlesens bejaht werden. Wenn von jemandem gesagt wird, daß er *nicht weiterschläft*, so setzt dies im hier betrachteten Normalfall voraus, daß er bisher schläft, und es bedeutet, daß er *aufwacht* (wir legen die Lesart von *weiter-* zugrunde, die Fortsetzung des Geschehenden und nicht Wiederaufnahme des Unterbrochenen bedeutet); wenn das Wetter *nicht schön bleibt*, so bedeutet dies (solange die Präsupposition, daß es schön war, nicht suspendiert wird), daß es *schlecht wird*; etc. Wir halten fest:

(6-5) *Eine Proposition, die das Fortbestehen eines Zustandes A besagt, geht unter der Normalnegation über in eine Proposition, die den Wechsel in den Zustand -A besagt.*

Das Fortbestehen eines Zustandes wird unter Zuhilfenahme von Verben wie *behalten* (in einer Lesart), *bleiben*, *weiterbestehen*, *andauern*, ferner durch Präfigierung mit *weiter* (in einer Lesart) ausgedrückt. Insgesamt sind Verben, die das Fortbestehen eines Zustandes ausdrücken (intransformative Verben), - darauf verweist SCHUMACHER (1986:16) indirekt - weit weniger zahlreich als Verben des Zustandswechsels (transformative Verben). Hier liegt die Vermutung nahe, daß der Mensch, wenn er das Fortbestehen eines Zustandes ausdrücken will, die Konstruktion mit transformativem Verb plus Negation als die weniger komplizierte auffaßt und deshalb bevorzugt. Im Wörterbuch der deutschen Gegenwartssprache (1980:627) lesen wir als Paraphrasierung für *bleiben*: "in einer Handlung fortfahren, einen Zustand nicht ändern". Dies verstärkt den Eindruck, daß das Fortbestehen eines Zustandes als sekundär, als aus dem Zustandswechsel abgeleitet empfunden wird.

Mit Propositionen, die das Fortbestehen eines Zustandes besagen, werden wir uns nachher gleich noch weiter anhand eines Beispiels befassen, und zwar um den Unterschied zwischen den Ereignistypen *Fortbestehen* und *Bestehen* eines Zustandes besser zu verstehen. Dem letzteren Typ wollen wir uns ja jetzt zuwenden, um ihn in einen zu (6-5) und (6-6) analogen Zusammenhang zu stellen. Wir nehmen die These vorweg und lassen die Kommentare zu ihr dann folgen.

(6-7) *Eine Proposition, die das Bestehen eines Zustandes A besagt, geht unter der Normalnegation über in eine Proposition, die das Bestehen des Zustandes -A besagt.*

Zunächst geben wir einige einfache Beispiele für Zustandsbeschreibungen. Der Leser möge anhand seiner Intuition testen, ob Negation unter Normalbedingungen jeweils wieder zu Beschreibungen des Bestehens eines Zustandes führt.

(6-8) *Hans ist (nicht) reich.*
Die Äpfel waren (nicht) rot.
Er wußte (nicht), daß sie ihn liebte.

Jetzt jedoch betrachten wir ein Beispiel, das dieser These zu widersprechen scheint,

(6-9)+ *Karl läßt Anna schlafen.*

(6-9)- *Karl läßt Anna nicht schlafen.* ,

und zwar genügt uns für das, was wir zeigen wollen, die Lesart von *lassen*, die den Sinn von *zulassen* hat. - Auf den ersten Blick sieht es so aus, als ob das Satzpaar äquivalent ist mit

(6-9)+' *Karl läßt zu, daß Anna schläft.*

(6-9)-' *Karl verursacht, daß Anna wach wird.* ,

so daß, wenn wir einstweilen das landläufige Schema

(6-10) -(ZULASSEN(x,A) ≡ VERURSACHEN(x,-A)

zugrunde legen (Genaueres über die Kausation folgt im nächsten Abschnitt), der Ausdruck A = *Anna schläft* (Ereignistyp Bestehen eines Zustandes) unter der Negation in einen Zustandswechsel (*Anna wird wach*) überginge, im Widerspruch zur These (6-7).

Die Paraphrasierung ist jedoch ungenau. Bei genauerem Hinsehen ergibt sich ein anderes Bild. Es sind zwei Lesarten a und b im Spiel,

Lesart a:

a+: *Karl läßt zu, daß Anna zum Schlafen kommt (und sie tut es).*

a-: *Karl verursacht, daß Anna nicht zum Schlafen kommt.*

= *Karl verursacht, daß Anna im Wachsein verbleibt.*

Lesart b:

b+: *Karl läßt zu, daß Anna im Schlafen verbleibt (und sie tut es).*

b-: *Karl verursacht, daß Anna nicht im Schlafen verbleibt.* ,

und wir sehen, daß nur die Ereignistypen *Fortbestehen eines Zustandes* und *Zustandswechsel* im Spiel sind (sie interagieren in Übereinstimmung mit den Thesen (6-4) und (6-5), nicht jedoch der Ereignistyp *Bestehen eines Zustandes*:

Lesart a:

B = Zustandswechsel nach -/wach/(a)	- ------>	-B = Fortbestehen des Zustands /wach/(a)

Lesart b:

B = Fortbestehen des Zustands -/wach/(a)	- ----->	-B = Zustandswechsel nach /wach/(a)

Schema zum Beispiel (6-9)

Soviel zu dem Beispiel mit dem vermeintlichen Widerspruch zu These (6-7). Mit diesem Beispiel haben wir in einem repräsentativen Fall die Annahme, die Normalnegation könne den Ereignistyp *Bestehen eines Zustandes* in einen anderen Ereignistyp überführen, widerlegt. Genauer betrachtet, ist es wohl nicht diese Annahme, die dem dargestellten Irrtum zugrunde liegt. (Er ist übrigens nicht fiktiv, sondern ist uns in Gesprächen mit Fachkollegen begegnet, so daß wir durchaus Grund haben, klärend auf ihn einzugehen.) Vielmehr liegt dem Irrtum anscheinend die Vorstellung von einem Ereignistyp *Zustand* zugrunde, und es fehlt die Differenzierung zwischen den beiden Typen des *Bestehens* und des *Fortbestehens eines Zustandes*.

Mit der hoffentlich mittlerweile gewonnenen Vorstellung vom Bestehen sowie Fortbestehen von Zuständen und vom Zustandswechsel im Gepäck machen wir uns jetzt auf den Weg, um, wie zu Beginn dieses Abschnitts angekündigt, in den nächsten beiden Abschnitten für diese Ereignistypen die unter der Normalnegation einer Proposition A invariante Grundstruktur (vgl. These (5.3-1)) formal darzustellen als eine Präsupposition von A, oder vielmehr: als eine Präsupposition von INST(e,A) (vgl. (5.3-4)).

Als Ausgangspunkt für das Folgende und zur besseren Verständigung fassen wir die Thesen (6-4), (6-5) und (6-7), um deren Erläuterung und Begründung es ja auf den letzten Seiten ging, in einem Schema zusammen:

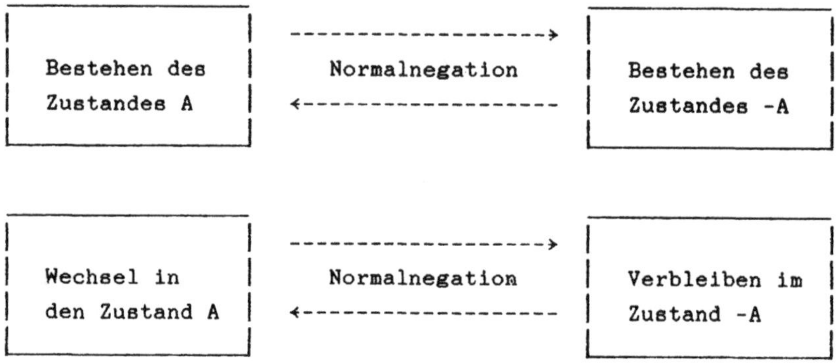

Schema zu den Thesen (6-4), (6-5) und (6-7)

Der nächste Abschnitt befaßt sich also mit der oberen Hälfte dieses Schemas, der übernächste mit der unteren.

6.3. Zur Instantiierung von Zustandsbeschreibungen und Gleichförmigkeitsbeschreibungen

Die Besonderheit derjenigen Propositionen, die das Bestehen von Zuständen beschreiben (wir werden sie im folgenden kurz *Zustandsbeschreibungen* nennen), besteht darin, daß sie einem Ereignis, das sie instantiiert, keine Strukturierung in Komponenten abverlangen, so wie wir das in den beiden anderen Fällen, dem des potentiellen Zustandswechsels und dem der potentiellen Kausation, erleben werden. These (6-7) besagt, daß das Negat einer Zustandsbeschreibung A wieder eine Zustandsbeschreibung, und zwar -A, ist. Beider gemeinsame Grundstruktur ist das Bestehen des Zustandes ↥A. Der formale Ausdruck dieses Zusammenhangs sind die beiden Äquivalenzenschemata (6-17) unten. Bevor wir zu ihnen kommen, werden einige Axiome bereitgestellt, auf die sich die späteren Rechnungen stützen, und es wird über die Frage nach einer Folgerungsrelation für zu instantiierende Propositionen gesprochen.

Ein Kennzeichen der Struktur des Bestehens eines Zustandes ist die Gleichförmigkeit. Im folgenden ist es zweckmäßig, bisweilen statt von *Zustands*beschreibungen allgemeiner von *Gleichförmigkeits*beschreibungen zu sprechen.

Von Zuständen, aber nicht nur von diesen, fordert man eine Bedingung der Gleichförmigleit (s.u. (6-11)), die ausdrückt, daß sie zeitlich beliebig zerlegbar sind: Wenn einer während eines bestimmten ganzen Tages lebendig ist, so ist er es auch während jedes Teilstücks dieses Tages. Diese Bedingung gilt außer für Zustandsbeschreibungen zum Beispiel auch für monotone Zustandsänderungen, wie sie sich hinter bestimmten Lesarten von *wachsen* und *reifen* verbergen. Deshalb benutzen wir als allgemeineren Terminus den der Gleichförmigkeitsbeschreibung:

Definition (*Gleichförmigkeitsbeschreibung*)
Eine Proposition A heißt eine *Gleichförmigkeitsbeschreibung*, wenn für alle e, e′ $\in$ E gilt:
(6-11) Wenn INST(e,A) und time(e′) $\subseteq$ time(e),
so INST(e′,A) .

Spätestens an dieser Stelle ist noch eine generelle Bemerkung fällig: Nur mit der von KUNZE (1987) ein- (und aus-)geführten Unterscheidung von Proposition und Phase ist die Bedingung (6-11) und mit ihr überhaupt das Instantiierungskonzept aufrechtzuerhalten. Denn von wem gesagt wird, daß er eine Nacht lang geschlafen hat, der kann durchaus zwischendurch kurzzeitig wach gewesen sein. "Die ... 'Phase' setzt nicht voraus, daß die ... unterliegende Proposition ... in jedem Zeitpunkt gilt, in dem wir die Phase als andauernd betrachten. Die Phasen sollen also eine Makrostruktur gegenüber den in ihren Einzelheiten oft nicht beobachtbaren, nicht entscheidbaren oder einfach uninteressanten Zeitverläufen der Propositionen sein." (KUNZE 1987:12)

Axiom 1
Zustandsbeschreibungen sind Gleichförmigkeitsbeschreibungen.

Die folgende Bedingung gilt nur für Zustandsbeschreibungen, nicht für alle Gleichförmigkeitsbeschreibungen. Sie besagt, vereinfacht ausgedrückt: Wenn sich A in zwei Ereignissen e′ und e" "ereignet", die unmittelbar aufeinander folgen (oder sich sogar zeitlich überlappen), so "ereignet" sich A auch in der gesamten

Zeit von e′ und e″ gemeinsam.

<u>Axiom 2</u>

Ist die durch den Ausdruck A repräsentierte Proposition eine Zustandsbeschreibung, so gilt für alle e, e′, e″ ε E:

(6-12) Wenn INST(e′,A) und INST(e″,A)
und time(e) $\subseteq$ time(e′) $\cup$ time(e″) ,
so INST(e,A).

Das folgende Axiom spiegelt den Gesamtaufbau unseres Formalismus wider, in dem die <u>e-freien</u> prädikativen EAK-Ausdrücke (Definition siehe Unterabschnitt 2.1.2) eine grundlegende Rolle spielen: Sie repräsentieren Propositionen - zum Beispiel ANIMAL(x), AWAKE(x), HAVE(x,y), aber auch MON′AWAKE(x) -, bei denen es sich lohnt, von der Zeitstruktur abzusehen, weil sich mit ihnen die Vorstellung von Dauer und Gleichförmigkeit verbindet (Dauer hier im Sinne des Alltagsverständnisses als Gegensatz zu Punktförmigkeit verstanden).

<u>Axiom 3</u>

Alle e-freien prädikativen EAK-Ausdrücke repräsentieren Gleichförmigkeitsbeschreibungen.

Daß wir im EAK über diesen sozusagen "geschützten" Teilbereich verfügen, in dem sich Logik ohne Zeitbezug treiben läßt, das bietet die Möglichkeit, auf eine Frage einzugehen, auf die man beim Umgang mit dem Instantiierungskonzept schnell stößt. Sie läßt sich zwar leicht formulieren, ist aber bei näherem Hinsehen undeutlich und muß in ihren Voraussetzungen erst noch geklärt werden. Die Frage lautet:

(6-13) *Soll Instantiierung so verstanden werden, daß, wenn e eine Instanz von A ist und B aus A folgt, dann e auch eine Instanz von B ist?*

Unsere vorläufige Antwort ist: Im Prinzip ja, aber was heißt "folgt"?

Was man intuitiv haben möchte, ist doch etwa folgendes: Daß B aus A folgt, soll bedeuten, daß immer dann, wenn A "gilt" oder "stattfindet" oder "sich ereignet", auch B gilt/stattfindet/sich ereignet. Man sieht nun schnell, daß die Frage (6-13) bewußt oder unbewußt gerade auf Gleichförmigkeitsbeschreibungen zugeschnitten ist. Denn nehmen wir an, ein Vorgang sei im Spiel, zum Beispiel

(6-14) *Karl verkauft Otto das Buch.*

Dann ist intuitiv klar, daß hieraus folgt, daß Otto das Buch am Ende "hat" und Karl es nicht mehr hat. Es wäre aber nicht wünschenswert, aus

INST(e, /verkauft/(k,o,b))

zu folgern

(6-15) INST(e, HAVE(o,b) ∧ -HAVE(k,b))

und somit zuzulassen, daß e auch Instanz einer Proposition ist, die nur während eines Teils von e gilt/stattfindet/sich ereignet. Denn da aus (6-14) auch folgt, daß anfangs Karl das Buch hat und Otto es nicht hat, bekäme man zu (6-15) hinzu noch

INST(e, -HAVE(o,b) ∧ HAVE(k,b)).

Damit wäre e Instanz zweier einander widersprechender Propositionen - eine wenig attraktive Konsequenz.

Nebenbei ergibt sich somit, daß eine wichtige Vorgabe beim Verstehen von Frage (6-13) wie auch beim Umgang mit INST überhaupt die Vorstellung sein muß - und entsprechend ist INST in den EAK eingebaut -, daß mit INST(e,A) immer gemeint ist, daß die Proposition A das *gesamte* Zeitintervall time(e) charakterisiert und nicht nur einen Teil davon. (Zum Wortgebrauch: Wir sprechen öfter von der "Proposition A" statt von der "durch A repräsentierten Proposition", um den Leser nicht zu ermüden.)

Nach dem im vorletzten Absatz Festgestellten gehen wir also davon aus, daß hinter der Frage (6-13) die Vorstellung eines Folgerungsbegriffs für Gleichförmigkeitsbeschreibungen steht. Unser formal kontrollierter Zugang zu den Gleichförmigkeitsbeschreibungen führt von den e-freien prädikativen Ausdrücken über Axiom 3. Wir haben uns also folgendes zu überlegen:

Für e-freie prädikative Ausdrücke A und B ist intuitiv klar, was

"B folgt aussagenlogisch aus A"

zu bedeuten hat. (Ist zum Beispiel

A = o HUMAN'BEING(x) ∧ ALIVE(x) ,

B = HUMAN'BEING(x) ,

so ist klar, daß B aus A folgt.) Eine solche Relation ist in unserem Formalismus nicht definiert, da den e-freien prädikativen Ausdrücken keine Wahrheitswerte zugeordnet sind (sie bedürfen erst der Instantiierung, ehe Wahrheitswerte zugeordnet werden), aber eine solche Definition läßt sich in naheliegender Weise aus der Folgerungsrelation gewinnen, die für die elementaren EAK-Ausdrücke ja existiert. Auf der anderen Seite kann man fragen, ob es, wenn in diesem zu definierenden Sinne B aus A folgt, einen entsprechenden Zusammenhang zwischen INST(e,A) und INST(e,B) gibt. Man kann zeigen:

(6-16) Es seien A und B e-freie prädikative Ausdrücke (also Gleichförmigkeitsbeschreibungen), e ∈ E beliebig. Dann gilt: Wenn B aus A folgt und INST(e,A), so INST(e,B).

Der nun folgende Satz ist zusammen mit dem nachfolgenden Axiom 4 die formale Aussage über die unter der Normalnegation invariante Grundstruktur des Ereignistyps *Bestehen eines Zustandes*.

<u>Satz</u>

Wenn A ein e-freier prädikativer Ausdruck ist, so gilt für alle e ∈ E

(6-17)(a) $\text{INST}(e,A) \equiv \circ\ \text{INST}(e,\uparrow A) \wedge *\ \text{INST}(e,A)$

$\equiv \circ\ \text{INST}(e,\uparrow A) \wedge \text{INST}(e,*A)$,

(b) $\text{INST}(e,-A) \equiv \circ\ \text{INST}(e,\uparrow A) \wedge -\ *\ \text{INST}(e,A)$

$\equiv \circ\ \text{INST}(e,\uparrow A) \wedge -\ \text{INST}(e,*A)$.

An diesem Satz ist weniger sein Beweis interessant - er ergibt sich aus den Definitionen im Unterabschnitt 2.1.3 - als vielmehr seine Rechtfertigung durch die Intuition. Diese leisten wir jetzt, indem wir, eingestimmt durch die vorangegangenen Betrachtungen uber Gleichförmigkeitsbeschreibungen, unser altes Versprechen einlösen und die Instantiierungsregeln für die Funktoren 'o', '*' und '∧' (5.3-6 bis 8) intuitiv motivieren. Dazu geben wir je eine Paraphrase der Form

"..." ist gleichbedeutend mit "..."

an. Die darin mehrmals auftauchende Wendung "e gilt während B" ist gerade die für den Fall, daß B eine Gleichförmigkeitsbeschreibung ist, angemessene Paraphrasierung des INST-Operators.

(5.3-6) INST(e,oB) ≡ o INST(e,B) :
"Während e ist B vorausgesetzt" ist gleichbedeutend mit "es ist vorausgesetzt, daß während e B gilt".

(5.3-7) INST(e,*B) ≡ * INST(e,B) :
"Während e trifft B im klassischen Sinne zu" ist gleichbedeutend mit "es trifft im klassischen Sinne zu, daß während e B gilt".
(Hierzu folgt unten ein Kommentar.)

(5.3-8) INST(e,(B ∧ C)) ≡ INST(e,B) ∧ INST(e,C) :
"Während e gilt B und C" ist gleichbedeutend mit "Während e gilt B, und während e gilt C".

Zur Paraphrase für (5.3-7) wollen wir noch eine Erläuterung geben und sagen, was "trifft im klassischen Sinne zu" bedeuten soll. Dies ist grundlegend für das Verständnis der Rolle des Funktors '*'.

Und zwar bedeutet es – und darin unterscheidet sich *B von B –, daß die Präsuppositionen von B in *B nicht Präsuppositionen, sondern Teile der Assertion sind. Dies wird nur plausibel, wenn man zusätzlich das Negat betrachtet:

"Trifft im klassischen Sinne zu" steht für Zutreffen innerhalb der zwei Möglichkeiten 'trifft zu' oder 'Negat trifft zu'. Dagegen steht Zutreffen im präsuppositionssensitiven Sinne für Zutreffen unter den drei Möglichkeiten 'trifft zu', 'Negat trifft zu' oder 'keins von beiden ist sinnvoll/einschlägig/angemessen'.

<u>Beispiel</u>: Es sei /schwanger/(y) die Abkürzung des folgenden e-freien prädikativen Ausdrucks:

(6-18) /schwanger/(y)
≡ o(HUMAN'BEING(y) ∧ FEMALE(y)) ∧ GRAVID(y) .

Das heißt, wir nehmen an, daß das Adjektiv *schwanger* die Präsuppositionen *Mensch* und *weiblich* hat. Durch GRAVID wird ein zweiwertiges Prädikat auf E x X repräsentiert (vgl. Unterabschnitt 2.1.3). (GRAVID soll, so verabreden wir, charakterisierend für schwangere Frauen und trächtige weibliche Tiere sein.) Dann ist

* /schwanger/(y)

≡ HUMAN'BEING(y) ∧ FEMALE(y) ∧ GRAVID(y) ,

und die durch /schwanger/ und */schwanger/ repräsentierten dreiwertigen Prädikate auf E × X nehmen auf ein und derselben Menge den Wahrheitswert 2 ('wahr') an, aber für die Negate gilt

\- /schwanger/(y)

≡ o(HUMAN'BEING(y) ∧ FEMALE(y)) ∧ - GRAVID(y)

auf Grund der Regel -(oA ∧ B) ≡ oA ∧ -B (Abschnitt 2.3), aber

\- * /schwanger/(y)

≡ - HUMAN'BEING(y) v - FEMALE(y) v - GRAVID(y)

nach der Regel -(*A ∧ *B) ≡ -*A v -*B , da die Prädikate, die den Ausdrücken auf der linken Seite entsprechen, nur die Werte 2 und 1 annehmen können. Das bedeutet, daß

\- * /schwanger/(y)

zum Beispiel für Tische wahr ist, -/schwanger/(y) aber nicht.

Das schon angekündigte Axiom 4 ist durch die Ausführungen im Abschnitt 6.2 motiviert, insbesondere durch These (6-7).

<u>Axiom 4</u>

Ist der e-freie prädikative Ausdruck A eine Zustandsbeschreibung, so ist auch -A eine Zustandsbeschreibung.

Weiter werden wir mit folgenden naheliegenden Axiomen arbeiten:

<u>Axiom 5</u>

Sind die e-freien prädikativen Ausdrücke A und B Zustandsbeschreibungen, so sind auch oA, *A und A ∧ B Zustandsbeschreibungen.

Die entsprechende Aussage für †A, A v B, A --> B und A <-> B ergibt sich hieraus mit dem Vollständigkeitssatz (siehe Abschnitt 2.3).

<u>Axiom 6</u>

Für jedes x ε X sind die Ausdrücke HUMAN'BEING(x), ANIMAL(x), FEMALE(x), GRAVID(x), ALIVE(x), AWAKE(x) Zustandsbeschreibungen.

Ein Beispiel für eine Gleichförmigkeitsbeschreibung, die keine Zustandsbeschreibung ist, ist

MON'AWAKE(x).

Auf diese von uns vorgeschlagene Art des Prädikats für eine als gleichförmig angesehene monotone Zustandsveränderung wird im nächsten Abschnitt eingegangen.

6.4. Die gemeinsame Ereignis-Grundstruktur von Zustandswechsel und Fortbestehen eines Zustandes

Wir kommen zur Betrachtung der unter der Normalnegation invarianten Ereignis-Grundstruktur für die Ereignistypen *Zustandswechsel* und *Fortbestehen eines Zustandes.* (Vgl. die untere Hälfte des Schemas am Schluß von Abschnitt 6.2 oder die Thesen (5.3-1), (5.3-4), (6-4) und (6-5).) Diese Grundstruktur nimmt den Platz einer Präsupposition von

INST(e,BECOME (A))

ein.

Wir unterscheiden aus Gründen, die wir noch erläutern werden, einen unvermittelten und einen vermittelten Zustandswechsel und führen deshalb die beiden Prädikate BECOME'U (für den unvermittelten) und BECOME (für den vermittelten Zustandswechsel) ein.

Die gemeinsame Grundstruktur der Ereignistypen *Zustandswechsel* und *Verbleiben in einem Zustand* werden wir einen *Übergang* nennen, und somit werden wir auch zwischen *unvermitteltem* und *vermitteltem Übergang* unterscheiden.

(Daß es einen Sinn hat, auch beim Ereignistyp *Fortbestehen eines Zustandes* einen vermittelten Übergang in Betracht zu ziehen, wird im Abschnitt 7.3 näher beleuchtet.)

Es ist nun je eine *Instantiierungsregel* für BECOME'U und für BECOME zu besprechen. Die letztere ist schon einmal im Vorgriff als Beispiel angeführt worden, und zwar im Abschnitt 5.2. Auf diesen Abschnitt referieren wir noch aus einem anderen Grund: Wir erinnern daran, daß entsprechend der Unterscheidung (1)/(2) im Abschnitt 5.2 die Instantiierungsregeln für BECOME und BECOME'U (und im Abschnitt 6.5 die für die CAUSE-Varianten) als definierende Äquivalenzen für diese Prädikate (die nicht zu den Grundzeichen des EAK gehören) fungieren.

Ein wesentlicher Teil der Instantiierungsregeln wird eine Aussage über die zeitliche Struktur des Ereignisses sein. Diese

Aussage wird dargestellt durch je ein Prädikat

TRANSITIO'U und TRANSITIO

über Ereignissen $e \in E$. TRANSITIO'U und TRANSITIO sind Vereinfachungen des (bei BIERWISCH (1988a) benutzten) Wegekonzepts. Der Status der Propositionen TRANSITIO'U(e) und TRANSITIO(e) innerhalb des EAK ist der von *e-haltigen primitiven prädikativen Ausdrücken* (vgl. Unterabschnitt 2.1.2).

Zunächst die Struktur der (groben) *zeitlichen Zweiteilung*, wie sie beim *unvermittelten Übergang*, zum Beispiel bei Besitzwechselverben wie *geben*, vorkommt. Wohlverstanden, diese Strukturaussage über e bezieht sich nur auf dessen zeitliche Struktur. Letztlich ist die ganze rechte Seite der Instantiierungsregeln, die zu formulieren wir uns anschicken, eine Aussage über die Struktur von e.

(6-19) TRANSITIO'U(e)

$:\equiv$ KOMP2(e)

$\wedge$ VOR(e1,e2) $\wedge$ (time(e) $\subseteq$ time(e1) $\cup$ time(e2))

$\wedge$ $\neg$(time(e) $\subseteq$ time(e1)) $\wedge$ $\neg$(time(e) $\subseteq$ time(e2))

Dabei ist "KOMP2(e)" zu interpretieren als 'e hat zwei Komponenten e1 und e2'. Durch dieses Prädikat vermeiden wir überflüssige Existenzquantifizierungen für e1 und e2 (so wie wir etwa einen Tisch als Quintupel aus Platte und vier Beinen repräsentieren könnten – eine Existenzquantifizierung über die Bestandteile ist nicht nötig).

Als methodisch nützlich (aber mathematisch bedeutungslos) verabreden wir, daß im Falle, daß

TRANSITIO'U(e)

gilt, die Komponente e1 den Namen init(e) und die Komponente e2 den Namen fin(e) erhält. Wir schreiben also nicht wie BIERWISCH (1988a) von vornherein jedem Ereignis e die Struktur eines Weges und damit das Vorhandensein einer in spezifischer Weise strukturierten Folge $e^1, e^2, \ldots, e^n$ von Teilereignissen von e zu, aus der dann init(e) und fin(e) als das (?) Anfangsstück beziehungsweise Endstück von e auf Grund einer allgemeinen, d.h. für alle $e \in E$ anwendbaren Definition zu erhalten wären. Vielmehr wenden wir zuerst das einfachste (und eines der unspezifischsten) Mittel an, das die Mathematik für die Strukturierung eines gegebenen Objekts der Anschauung oder des Denkens (also in unserem Falle eines Elements e ϵ E) bereithält, nämlich das Auffassen dieses Objekts als eine (n-gliedrige, n≥1, oder unendliche) Folge. "Folge" darf nun nicht verwechselt werden mit dem eben erwähnten Wegekonzept, sondern meint einfach eine geordnete Menge, im Fall der Endlichkeit also ein n-tupel. Für das Auffassen eines Ereignisses e als Folge in diesem Sinne vermerken wir in der Strukturbeschreibung von e (z.B. TRANSITIO'U(e) oben in (6-19)) ein Prädikat der Form "KOMP...", im Falle von (6-19) das Prädikat "KOMP2", das nicht mehr und nicht weniger besagt als "e hat zwei Komponenten". Für die Komponenten verabreden wir Durchnumerierung, als deren Ergebnis verfügen wir im Beispielfall über e1 und e2.

Noch einmal: KOMP2 (um bei dem Beispiel n=2 zu bleiben) soll weder zeitliche noch räumliche noch kausale Zuordnung von e1 und e2 zueinander besagen, auch nicht etwa ihre Komplementarität in mengentheoretischem Sinne - alle diese möglichen, über die Angabe "KOMP2" hinausgehenden Strukturierungsaussagen müssen erst zusätzlich vermerkt werden; im Falle von (6-19) sind es Aussagen über eine zeitliche Zuordnung von e1 und e2 zueinander und zu e:

$$\wedge \text{VOR}(e1,e2) \wedge (\text{time}(e) \subseteq \text{time}(e1) \cup \text{time}(e2))$$
$$\wedge -(\text{time}(e) \subseteq \text{time}(e1)) \wedge -(\text{time}(e) \subseteq \text{time}(e2)) .$$

Und auf Grund dieser zeitlichen Strukturierungsangabe erst, also definitorisch ganz zum Schluß, wird die oben schon erwähnte Verabredung getroffen, nämlich daß im Falle, daß auf e die Strukturaussage TRANSITIO'U(e) zutrifft, e1 die Bezeichnung init(e) und e2 die Bezeichnung fin(e) erhält.

Nach dieser Erläuterung zum formalen Aspekt von (6-19) nun eine Erläuterung zum linguistischen. Mit unvermitteltem Übergang ist gemeint, daß die mentale Repräsentation des betreffenden Vorgangs beim Übergang von einem Zustand -A zum Zustand A keine Zwischenphase vorsieht. Daß der Besitzwechsel bei *geben* ein solcher unvermittelter Übergang ist, dafür spricht, daß eine Modifikation der Handlung mit *allmählich* die Lesart eines iterierten Gebens erzwingt:

(6-20) *Er gab ihm allmählich x*

bedeutet, darin sind sich die Befragten einig, daß x in Teilen durch mehrere Gebens-Handlungen übergeben wurde. Der Gebrauch von *allmählich* setzt Masse-Struktur voraus; wenn das Objekt von *geben* sie nicht hat, wird (6-20) semantisch abweichend oder ein Witz:

Er gab ihm allmählich den Krug,

jedenfalls aber wird die für den Gebrauch von *allmählich* erforderliche Masse-Struktur nicht in den Zeitablauf des einzelnen Ereignisses hineininterpretiert.

Anders nun liegen die Dinge bei *aufwachen*: Der Satz

(6-21) *Sie wachte allmählich auf*

beschreibt einen *vermittelten Übergang*, und dementsprechend wollen wir jetzt ein Prädikat, das die (grobe, s.u.) *zeitliche Dreiteilung* eines Ereignisses besagt, betrachten.

(6-22) TRANSITIO(e)

$$\equiv \text{KOMP3}(e) \wedge \text{VOR}(e1,e2) \wedge \text{VOR}(e2,e3)$$
$$\wedge\ (\text{time}(e) \subseteq \text{time}(e1) \cup \text{time}(e2) \cup \text{time}(e3)) \wedge$$
$$\wedge\ \neg(\text{time}(e) \subseteq \text{time}(e1)) \wedge \neg(\text{time}(e) \subseteq \text{time}(e3))$$

Hierfür sind wiederum die Termini init und fin angebracht, da durch die Zeitprädikationen ein den Anfang von time(e) umfassendes und ein das Ende von time(e) umfassendes Zeitintervall ausgemacht sind. Wir verabreden also für diesen Fall

init(e) := e1 , fin(e) := e3 .

Um der inhaltlichen Signifikanz und der Häufigkeit des Gebrauchs willen fügen wir für die Mittelphase die Konvention

medium(e) := e2

hinzu.

Mit "grober" zeitlicher Aufteilung des Ereignisses e ist gemeint, daß von den zwei beziehungsweise drei Teil-Ereignissen, die e zugeordnet werden, das vorderste nicht denselben Anfangszeitpunkt wie e haben muß, sondern eher beginnen kann, und, analog, daß das hinterste auch später als e enden kann. Diese Korrektur gegenüber unserer ursprünglichen Annahme von der genauen Aufteilung von e verdanken wir Ilse ZIMMERMANN. Sie trägt der Tatsache Rechnung, daß es auch Äußerungen gibt, die sich nur auf einen Ausschnitt eines Zustandswechsels (und weder auf den vorher bestehenden Anfangszustand noch auf den hinterher bestehenden Endzustand) beziehen, zum Beispiel

Sieh mal, der Patient wacht gerade auf.

Soweit die Vorbereitungen zu den angekündigten Instantiierungsregeln für die beiden Varianten von BECOME.

Die Instantiierungsregel für BECOME'U, also für den unvermittelten Zustandswechsel,

(6-23) INST(e,BECOME'U(A))
≡ o(TRANSITIO'U(e) ∧ INST(init(e),-A))
∧ INST(fin(e,A))

bedeutet, daß bei einer Aussage, die das Eintreten des Zustandes A besagt,

- präsupponiert wird, daß das betreffende Ereignis die Struktur der zeitlichen Zweiteilung hat und daß anfangs -A gilt, und
- assertiert wird, daß zum Schluß A gilt.

Sie stimmt also hinsichtlich der Propositionen (-A in der Anfangsphase als Präsupposition und A in der Endphase als Assertion) mit der definierenden Äquivalenz für BECOME überein, wie sie bei BIERWISCH (1988c:3) angegeben wird. Ein Unterschied (neben dem, daß wir die Zeitstruktur explizit als Präsupposition angeben) liegt in der Bemessung von init(e) und fin(e): Bei BIERWISCH sind sie so bemessen, daß ein mittleres Intervall zwischen ihnen liegt, über das aber in der Proposition nichts festgelegt wird. Hierauf gehen wir am Schluß dieses Unterabschnitts noch einmal ein. Unsere beiden Varianten BECOME'U und BECOME verhalten sich also zu BIERWISCHs BECOME so: Unser BECOME'U stimmt mit seinem BECOME hinsichtlich der Aufgliederung in Propositionen überein, nicht aber in der zeitlichen Aufgliederung. Unser BECOME dagegen stimmt mit seinem BECOME in der zeitlichen Aufgliederung überein, nicht aber hinsichtlich der Aufgliederung in Propositionen. Wir gehen am Ende dieses Abschnitts hierauf noch einmal ein.

Für den *vermittelten Zustandswechsel* notieren wir folgende Instantiierungsregel (A sei Zustandsbeschreibung):

(6-24) INST(e,BECOME(A))
≡ ((o (TRANSITIO(e) (a)
∧ INST(init(e),-A)) (b)
∧ INST(fin(e),A)) (c)
// INST(medium(e),MON'A)) (d)
INST(medium(e),-A) (e)

Wir erläutern dies: Die rechte Seite dieser definierenden Äquivalenz enthält

- die durch den Funktor 'o' gekennzeichneten Präsuppositionen, daß
  - (a) das Ereignis e die Struktur TRANSITIO der zeitlichen Dreiteilung hat (zu TRANSITIO siehe oben) und
  - (b) in der Anfangsphase init(e) der Zustand -A besteht;
- außerdem die in (c), (d) und (e) versteckte Präsupposition, daß während der gesamten Dauer von e die Präsuppositionen von A erfüllt sind (dazu geben wir noch eine Erläuterung);
- (c) die Assertion, daß in der Endphase fin(e) der Zustand A besteht;
- (d) die Allegation, daß in der Mittelphase medium(e) die Gleichförmigkeitsbeschreibung MON'A gilt. Was bedeutet MON'A 1. inhaltlich, 2. formal, 3. in seiner Rolle als Allegation in (6-24)? Zu 1. und 3. jetzt kurz (Weiteres folgt unten) am Beispiel des Paares von einen vermittelten Übergang beschreibenden Sätzen *Anna wacht auf / Anna wacht nicht auf* (also A = /awake/(a)):

  Im Falle *Anna wacht auf* findet in der medium-Phase eine *monotone Veränderung aus Richtung des Zustandes* -/awake/(a) in Richtung des Zustandes /awake/(a) statt. Mit MON... allein soll weder gesagt sein, daß sie vorher nicht wach ist, noch, daß sie nachher wach ist. Zur Allegation vgl. Abschnitt 3.4.
- (e) die Annegation (s. Abschnitt 3.4), die, am Beispiel, besagt, daß, falls Anna nicht aufwacht, sie auch in der Mittelphase nicht wach ist.

Wir betrachten noch einmal den in (6-24) als Allegation fungierenden Ausdruck

INST(medium(e),MON'A) ,

um weiteres zur Rolle von "MON..." zu sagen.

Die in (6-24)(d) vorkommende Zeichenreihe "MON'A" ist ein metasprachliche Abkürzung für einen nach folgendem Muster gebildeten EAK-Ausdruck:

Den Ausgangspunkt bildet jeweils ein primitives e-freies Prädikat MON'P, wenn P ein Zustandsbeschreibungs-Prädikat ist. Die vorliegende Arbeit liefert, so meinen wir, einige Argumente dafür, daß den MON-Prädikaten eine wesentliche Rolle bei der Reprasentation des Unterschiedes zwischen Zuständen und Zustandsänderungen zukommt. (Siehe auch unten Abschnitt 7.3.) Deshalb sehen wir es als gerechtfertigt an, MON-Prädikate als undefinierte Grundzeichen in den Formalismus aufzunehmen. MON'A hat die Präsuppositionen von A, impliziert aber für keinen Teil von e -A oder A, und soll dem Axiom genügen:

<u>Axiom 7</u>

Für alle e, e', e" ∈ E mit time(e') ⊆ time(e) und time(e") ⊆ time(e) und VOR(e',e"):

Wenn INST(e, MON'P(...)) und INST(e',P(...)),
so INST(e",P(...)).

Mit anderen Worten: INST(e,MON'P(x)) soll implizieren, daß, wenn während der Zustandsänderung aus Richtung -P(x) in Richtung P(x) der Zustand P erst einmal erreicht ist, nicht wieder der Zustand -P(x) eintritt, daß also z.B. auch ein Hin-und-her-Wechseln zwischen beiden Zuständen ausgeschlossen ist. Dies ist nur ein Spezialfall von Monotonie. Allgemeiner bedeutet sie: Nicht nur soll das Wieder-zurück-Wechseln von P(x) nach -P(x) ausgeschlossen sein, sondern es soll auch x zu jedem späteren Zeitpunkt während e "P-er sein" als zu einem früheren Zeitpunkt. Diese - intuitiv ja vorhandene - Monotonie formal zu beschreiben, dazu bedarf es noch einiger Anstrengungen, insbesondere für komplexe Propositionen. Ungeachtet dessen sind aber nach unserem Dafürhalten - und nach den Gründen, die wir anführen - die MON-Prädikate (onto)logische Grundbausteine, die für das grundsätzlich andere stehen, das die "monotone Veränderung aus Richtung des Zustandes -P(x) in Richtung des Zustandes P(x)" (für die wir kurz Zustandsänderung sagen) gegenüber dem Bestehen eines Zustandes darstellt. (Wir weisen noch einmal darauf hin: Wer wächst, kann klein sein oder groß sein. Wer groß (oder klein) ist, kann wachsen oder nicht.) Um Mißverständnisse auszuschließen: Die so wie eben gemeinte monotone Zustandsänderung darf nicht verwechselt werden mit dem Zustandswechsel: Er folgt nicht notwendig aus ihr: wer wächst, kann dennoch klein bleiben; aber er (wenn es der vermittelte Übergang ist) bedingt sie notwendig: wer groß wird, muß wachsen.

Zum aus formalen Gründen zunächst präsuppositionslos betrachteten Prädikat MON'P können nun Präsuppositionen hinzutreten, wobei wir uns hier im Rahmen der Annahme bewegen wollen, daß es sich dabei um Zustandsbescheibungen handelt. Am Beispiel /awake/: /awake/(y) sei die Abkürzung für folgenden e-freien prädikativen EAK-Ausdruck:

(6-25) /awake/(y)
:≡ o((HUMAN'BEING(y) ∨ ANIMAL(y)) ∧ ALIVE(y))
∧ AWAKE(y) .

Dann wird ein "MON-haltiger" Ausdruck gebildet, dem wir die metasprachliche Bezeichnung MON'/awake/(y) geben:

MON'/awake/(y)
≡ o((HUMAN'BEING(y) ∨ ANIMAL(y)) ∧ ALIVE(y))
∧ MON'AWAKE(y)

In Entsprechung zu dem (unserer Behandlung von Negation und Präsupposition insgesamt zugrunde liegenden) Konzept, daß eine Zustandsbeschreibung A dieselben Präsuppositionen hat wie die Zustandsbeschreibung -A, nehmen wir für die Übergangsphase ebenfalls an, daß diese Präsuppositionen gelten. Damit ist übrigens die oben erwähnte "versteckte" Präsupposition dingfest gemacht, daß während der gesamten Dauer von e die Präsuppositionen von A gelten:

Sie gelten während der Anfangsphase init(e) auf Grund von (b) und der Instantiierungsregel

(6-26) INST(e,↥A) ≡ ↥ INST(e,A)

(A ein e-freier prädikativer EAK-Ausdruck), die aus (5.3-5 bis 8) (Abschnitt 5.3) mit dem Vollständigkeitssatz (Abschnitt 2.3) folgt.

Sie gelten während der Endphase fin(e) wegen (c) und (6-26).

Und sie gelten während der Mittelphase: Dies kann sowohl aus (d) als auch aus (e) mit (6-26) gefolgert werden, da nach Definition der Funktoren '//' und '##' die Präsuppositionen von (d) und (e) auch Präsuppositionen der Gesamtproposition sind.

Hier wird nun Axiom 6 aus Abschnitt 6.3 benötigt in Verbindung damit, daß A eine Zustandsbeschreibung ist: Aus

TRANSITIO(e)

(vgl. (6-22)) und den soeben abgeleiteten Propositionen

INST(init(e),↑A),
INST(fin(e),↑A),
INST(medium(e),↑A)

folgt durch zweimalige Anwendung von (4.4-12)

INST(e,↑A).

Nach diesen Ausführungen zur Instantiierungsregel (6-24) und zu MON soll vorgeführt werden, daß die in den Kapiteln 2 und 3 bereitgestellten formalen Mittel tauglich sind, auch mit der etwas komplizierter als üblich aussehenden BECOME-Repräsentation (6-24) mit adäquatem Ergebnis rechnerisch zu operieren: Wir sehen uns an, was bei Anwendung des Negationsfunktors herauskommt. Zu wünschen ist eine angemessene Repräsentation von REMAIN im Sinne der üblichen Äquivalenz der natürlichen Logik

NOT(BECOME(A)) ≡ REMAIN(NOT(A))

vgl. G.LAKOFF (1970:61), also etwa: *nicht aufwachen ≡ weiterschlafen*). Wir wenden die wichtige Regel

-(((oA ∧ B) // C) ## D) ≡ ((oA ∧ -B) // D) ## C

aus Abschnitt 3.4 an und erhalten

```
(6-27)    - INST(e,BECOME(A))
          ≡ ((   o (TRANSITIO (e)
                    ∧ INST(init(e),-A) )
             ∧  - INST(fin(e),A)        )
             // INST(medium(e),-A)        )
             ## INST(medium(e),MON'A) .
```

Um plausibel zu machen, daß dies eine Repräsentation von REMAIN ist, ist in der obigen Paraphrasierung von BECOME schon genug über dessen Negat gesagt worden. Im Interesse der (wenigstens logischen) Anschaulichkeit sehen wir uns jetzt noch den klassisch-logischen Extrakt der beiden Repräsentationen an, d.h. deren Projektion auf die klassische Logik durch Anwendung des Funktors '*'. Zu verwenden ist aus Abschnitt 3.5 die Regel

* (((oA ∧ B) // C) ## D) ≡ *(((A ∧ B) ∧ C) ∧ ↑D) .

Mit ihr erhalten wir aus (6-24) und (6-27)

* INST(e,BECOME(A))
≡ *(TRANSITIO(e) ∧ INST(init(e),-A) ∧ INST(fin(e),A)
∧ INST(medium(e),MON'A)~~-∧-↑-INST(medium(e),-A)~~) .

Das durchgestrichene Konjunktionsglied kann entfallen, weil es aus dem danebenstehenden folgt, denn die maximale Präsupposition von MON'A ist dieselbe wie die von -A. Entsprechend die Projektion des Negats (mithin der Repräsentation von REMAIN):

* - INST(e,BECOME(A))

= *(TRANSITIO(e) ∧ INST(init(e),-A) ∧ - INST(fin(e),A)

∧ INST(medium(e),-A)~~∧ * INST(medium(e),MON'A)~~) .

≡ *(TRANSITIO(e) ∧ INST(e,-A)) auf Grund von Axiom 6.

Es folgt

*INST(e,BECOME(A))

≡ TRANSITIO(e) ∧ *INST(init(e),-A)

∧ *INST(medium(e),MON'A) ∧ *INST(fin(e),A)

als die präsuppositionslose Repräsentation von BECOME(e), und entsprechend für REMAIN:

* -INST(e,BECOME(A)) ≡ TRANSITIO(e) ∧ *INST(e,-A)) .

Noch einige Bemerkungen zu den Prädikaten vom Typ MON... . Sie bieten sich u.E. auch zur Beschreibung von solchen Aussagen über Zustandsveränderungen an, die auf das schließliche Eintreten eines neuen Endzustandes nicht nur (wie das obige Beispiel *Sieh mal, der Patient wacht gerade auf*) nicht mit referieren, sondern es nicht einmal implizieren - wer wächst, muß weder vorher klein noch hinterher groß sein:

<u>x wächst</u>: INST(e,MON'/groß/(x))

Ferner erhalten wir einen formalen Zugang zur Beschreibung des Eintretens nicht nur von Zuständen, sondern auch von gleichförmigen Zustandsänderungen vom Typ *wachsen*:

x beginnt zu wachsen: INST(e,BECOME'U(MON'/groß/(x)))

Sofern die maximale Präsupposition von MON'/groß/(x), wie im Falle von MON'/awake/(x), eine Zustandsbeschreibung ist, kann sie auf Grund der Instantiierungsregel für BECOME'U "herausgezogen" und als eine Präsupposition der Gesamtproposition ausgewiesen werden, so wie wir das beim vermittelten Zustandswechsel vorgeführt haben.

Das löst natürlich die Frage aus, wie dann Propositionen über den Beginn von nicht gleichförmigen Geschehnissen repräsentiert werden können. Wir schlagen hierfür einen Weg vor, den wir in dieser Arbeit noch nicht bewandern: Es gibt anscheinend einen Effekt des durch den (sprachlichen oder Situations-) Kontext bedingten "Gleichförmigmachens" eines an sich ungleichförmigen

Ereignisses (nicht in der Realität natürlich, sondern in der mentalen Repräsentation). Ein solcher Kontext ist die Modifikation mit *gerade* wie bei

Er macht gerade seine Schularbeiten.

(Beim obigen Beispiel von dem gerade aufwachenden Patienten konnten wir gerade noch annehmen, daß das Geschehnis ein Teil des Mittelabschnitts eines vermittelten Zustandswechsels ist und daher als gleichförmig aufgefaßt werden kann. Dies ist hier offenbar nicht der Fall.) Auch die Verlaufsform im Englischen dürfte ein (wenn nicht das Parade-) Beispiel für diesen Effekt des Gleichförmigmachens sein. Es ist zu untersuchen, ob hierfür ein "Gleichförmigmach"-Funktor formal eingeführt werden kann.

Als weiteres Argument für die MON...-Prädikate sagen wir zum Schluß noch ein Wort der Diskussion der schon erwähnten BIERWISCHschen (1988c:3) Instantiierung von BECOME. Er schließt, wie wir gesehen haben, den Mittelabschnitt ebenfalls nicht aus, sondern sein BECOME bezieht sich auf ein init(e) und ein fin(e), bei denen nicht

$$\text{time}(e) \subseteq \text{time}(\text{init}(e)) \cup \text{time}(\text{fin}(e))$$

gefordert ist. Damit trifft aber die Repräsentation von BECOME entgegen der Intuition auch auf Vorgänge zu, bei denen zwischen dem Anfangszustand -A und dem Endzustand A in eben dieser Mittelphase ein mehrmaliger Wechsel stattfindet. Dies widerspricht der von uns durch Befragung erhärteten Intuition, der zufolge sich mit einem vermittelten Zustandswechsel die Vorstellung verbindet, daß er monoton, ja sogar strikt monoton (gemessen an einer für die Intuition vorhandenen Skala) verläuft.

Dabei ist der Gegensatz zwischen strikter Monotonie und Hin-und-her-Wechseln zwischen zwei Zuständen nicht zu verwechseln mit der Erscheinung, der wir hier wiederum begegnen, daß nämlich im Sinne der KUNZEschen Unterscheidung von Proposition und Phase (wir erinnern an die entsprechenden Bemerkungen mit Zitat im vorigen Unterabschnitt) zwischenzeitliche Abweichungen von einer Proposition (hier also: Abweichungen von der strikten Monotonie) in Kauf genommen werden, wenn sie zeitlich hinreichend wenig ins Gewicht fallen.

6.5. Die Kausation und deren Negation: Was ist das Resultat, wenn etwas nicht verursacht wird?

Drei wesentliche Stücke bestimmen ein Kausationsverhältnis: Das "verursachende" Ereignis e1, das "verursachte" Ereignis e2 und das "Verursachen" selbst. Formal stellen wir diese drei Stücke als ein Prädikat mit zwei Argumenten dar:

CAUS(e1,e2).

Auf eine Ontologie der *Kausalität* brauchen wir uns hier nicht einzulassen; Gegenstand der Betrachtung ist nur das sich in der Sprache niederschlagende Alltagsverständnis von aktueller *Kausation*.

Wir geben im folgenden für zwei Varianten des Prädikats der Kausation,

CAUSE+(A,B) und CAUSE(A,B),

je eine Instantiierungsregel an. Dabei sind A und B Propositionen, und e ist ein komplexes Ereignis, das daraus besteht, daß ein Ereignis e1, Instanz der Proposition A, ein zweites, e2, Instanz der Proposition B, im Sinne des Alltagsverständnisses "kausiert".

Es ergeben sich mehrere Fragen im Zusammenhang mit der Negation der Kausation.

Die ersten beiden Fragen betreffen die Propositionen A und B: Wenn das Sich-Ereignen einer Kausation negiert wird, wenn also

(6-28) -INST(e,CAUSE(+)(A,B))

behauptet wird, sollen wir dann annehmen, daß sich doch immerhin A ereignet? INST(e1,A) wäre dann eine Präsupposition von INST(e,CAUSE(+)(A,B)).

Wir werden im folgenden diese Annahme treffen, um den Formalismus in einigermaßen leserfreundlichen Grenzen zu halten. Es sei aber vermerkt, daß ihre Verwendung bei der Repräsentation kausativer Verben eine Vereinfachung erforderlich macht: Wenn x y *weckt*, wird x's Handlung, die das Wachwerden von y verursacht, im allgemeinen etwas anderes sein als x's Verhalten im Falle, daß x y *nicht weckt*. Wir ziehen uns, um die Rechnungen zu entlasten, auf die Angabe

BEHAVE(x) ,

abgekürzt: BEH(x), zurück als dasjenige, was der Rolle von x beim Wecken und der Rolle von x beim Nichtwecken gemeinsam ist (und somit im präsuppositionalen Teil der Repräsentation seinen Platz findet, siehe unten). Für eine etwas anspruchsvollere Darstellung böte sich das Hilfsmittel der Allegation an: ein Prädikat

ACT(x),

in der Allegation untergebracht, würde beschreiben helfen, daß man beim Wecken *handelt*, beim Nichtwecken aber möglicherweise nicht.

Wir betrachten weiterhin (6-28) - nun also mit der Annahme, daß aus (6-28) das Sich-Ereignen von A folgt - und fragen in bezug auf B: Ist zu wünschen, daß aus dem Nicht-Kausieren von B durch A folgt, daß sich *nicht* B ereignet? Oder ist zu wünschen, daß sich B trotzdem ereignen kann, wiewohl nicht vom Sich-Ereignen von A verursacht?

Wir treffen in dieser Frage keine generelle Entscheidung, sondern bieten zwei Varianten an, je nachdem, welcher Standpunkt jeweils angemessen erscheint. In der ersten Variante, CAUSE+(A,B), wird das Sich-Ereignen von B (formal: INST(e2,B)) eine *eigentliche Bedeutung* der Gesamtproposition, in der zweiten Variante, CAUSE(A,B), eine *Allegation*. (Zur Problematik von eigentlicher Bedeutung und Allegation erinnern wir an die Abschnitte 3.3 und 3.4.)

Wir werden später zeigen, wie sich die beiden CAUSE-Varianten in einleuchtender Weise formal aufeinander beziehen lassen. Dabei hilft uns die Suspensionsfunktion SUSP aus Kapitel 4. Zunächst aber stellen wir die beiden Varianten erst einmal vor.

Zu ihrer Exemplifizierung benutzen wir die folgenden beiden Beispiele: Bei

(3.1-1) *Karl weckt Anna nicht.*

muß man es - dieser Eindruck hat sich für uns aus Befragungen ergeben - offenlassen, ob

- gemäß dem ersten Standpunkt die normale Lesart besagt, daß Anna weiterschläft, oder ob
- gemäß dem zweiten Standpunkt die normale Lesart besagt, daß es offen bleibt, ob Anna am Schluß wach ist.

Klarer in Richtung des ersten Standpunktes gehen dagegen die

Verben des Besitzwechsels: Der Satz

Karl gibt Otto das Buch nicht.

legt in neutraler Lesart weit stärker nahe, daß Karl das Buch behält. Wir wollen es bei diesen vorsichtigen Formulierungen hinsichtlich des jeweiligen Angemessenseins der beiden Standpunkte belassen und dann in Kapitel 7 am Beispiel *wecken* den zweiten, an *geben* den ersten Standpunkt vorführen.

Ehe wir die Instantiierungsregeln, durch die CAUSE+ und CAUSE definiert werden, angeben, bedürfen zwei weitere Fragen der Beantwortung. Dies ist nötig, damit wir uns über die Interpretation des Ausdrucks

CAUS(e1,e2)

hinreichend einig sind, um diesem Ausdruck nachher in den semantischen Repräsentationen den logisch zutreffenden Platz zuzuweisen und um beim Umgang mit den formalen Ausdrücken Mißverständnisse über deren Interpretation zu vermeiden.

Die nächste Frage also: Wenn INST(e,CAUSE(+)(A,B)) negiert und somit (6-28) behauptet wird, dann geht es ebenfalls, wie beim Behaupten von INST(e,CAUSE(+)(A,B), um zwei Ereignisse e1 und e2. Wovon nun soll e2 eine Instanz sein? Was im unverneinten Falle kein Problem ist - e2 ist das bewirkte Ereignis - das bedarf im Falle der Negation erst einmal der klärenden Festlegung. Ist, wenn wir es am Beispiel *Karl gibt Otto das Buch nicht* betrachten, e2 das mental vorgestellte, aber *nicht stattfindende Ereignis des Besitzwechsels*, oder ist e2 das *stattfindende Ereignis des Nicht-Besitzwechsels*, also des Verbleibens des Buches bei Karl? Und entsprechend für (3.1-1), wo wir uns auf den Allegations-Standpunkt stellen: Ist bei

Karl weckt Anna nicht

e2 das mental vorgestellte Ereignis des Wachwerdens von Anna, von dem offen bleibt, ob es stattfand, oder ist e2 das Ereignis, das - so oder so - als Resultat von Karls Verhalten stattfand und von dem offen bleibt, ob es Annas Wachwerden oder Annas Weiterschlafen war?

Entscheidend hierfür sind die Überlegungen der Abschnitte 5.1 bis 5.3 zur Motivierung der Instantiierungsregel für die Negation. Wir haben gesehen, daß es adäquat ist, anzunehmen, daß ein Ereignis, das die Proposition "nicht A" instantiiert, dieselbe Struktur hat wie ein Ereignis, das die Proposition A instantiiert. Wenn wir diesem Gedanken nun auch im Falle der Propositionen folgen, die Kausation ausdrücken, so ist folgende Konsequenz zu ziehen:

Bei *Karl gibt Otto das Buch nicht* ist e2 das stattfindende Ereignis des Verbleibens des Buches bei Karl, und bei *Karl weckt Anna nicht* ist e2 das stattfindende Ereignis des Wachwerdens oder des Weiterschlafens von Anna.

Die Instantiierungsregeln für die beiden CAUSI-Varianten lauten

(6-29) INST(e,CAUSE+(A,B))
≡ (o [KOMP2(e) ∧ INST(e1,A) ∧ ALLOW(e1,e2)]
∧ INST(e2,B))
// CAUS(e1,e2) ,

(6-30) INST(e,CAUSE(A,B))
≡ o [KOMP2(e) ∧ INST(e1,A) ∧ ALLOW(e1,e2)]
∧ INST(e2,B) ∧ CAUS(e1,e2) .

Wir erläutern die beiden Regeln (6-29) und (6-30): In beiden wird präsupponiert:

KOMP2(e): Das Ereignis e ist gegliedert in zwei Komponenten e1 und e2,

INST(e1,A): in e1 ereignet sich A (bei unseren Beispielen kausativer Verben mit personalem Subjekt x setzen wir für A ein: BEH(x) (hierzu siehe oben),

ALLOW(e1,e2): e1 steht zu e2 in einer besonderen, unten näher erläuterten Beziehung.

Soweit die expliziten Präsuppositionen. In der eigentlichen Bedeutung und der Allegation liegt nun der Unterschied zwischen (6-29) und (6-30):

Bei (6-29) ist nur CAUS(e1,e2) Allegation, INST(e2,B) aber eigentliche Bedeutung. Das bedeutet am Beispiel

Karl gibt Otto das Buch nicht. :

Karl behält das Buch, und offen bleibt, ob er dies "verursacht".

Bei (6-30) sind sowohl CAUS(e1,e2) als auch INST(e2,B) Allegation (auch wenn in der Formel kein Allegationsfunktor auftaucht; der Leser sei an die entsprechende Aussage im Abschnitt 3.4 über die beiden Glieder einer Konjunktion erinnert (Seite 68, zweiter

Absatz)). Das bedeutet am Beispiel (3.1-1) folgenden logischen Spielraum:

-INST(e2,B) ^ -CAUS(e1,e2):	Anna schläft weiter, und Karl verursacht das nicht (sondern läßt es nur zu),
-INST(e2,B) ^ CAUS(e1,e2):	Karl verursacht sogar Annas Weiterschlafen,
INST(e2,B) ^ -CAUS(e1,e2):	Anna wacht auf, aber Karl verursacht das nicht.

Diese Reihenfolge ist nach (nicht nur) unserer Intuition auch die Rangfolge der Präferenz der Lesarten. Wir vermerken, daß die logische Disjunktion (Alternative) der ersten beiden Lesarten genau denjenigen logischen Spielraum beschreibt, der der Regel (6-29) für CAUSE+ (und dem soeben für sie betrachteten Beispiel) entspricht.

Damit sind wir an den Punkt gelangt, wo es sich anbietet, die angekündigte Subsumierung von CAUSE+ und CAUSE unter ein gemeinsames Konzept vorzuführen. Der Zusammenhang ist ein sehr einfacher: Wir stellen INST(e,CAUSE+(A,B)) durch einen äquivalenten Ausdruck C dar, der die für die Anwendung der Funktion SUSP passende Standardform hat, und zeigen dann, daß der Ausdruck SUSP(C) äquivalent mit INST(e,CAUSE(A,B))ist. Der Formalismus folgt also in plausibler Weise der Intuition: Er weist

Anna schläft weiter.

als suspendierbare Folgerung von

Karl weckt Anna nicht

aus. Hier die Rechnung:

Der Ausdruck C hat die Gestalt

C := o[o[KOMP2(e) ∧ INST(e1,A) ∧ ALLOW(e1,e2)]
        ∧ (INST(e2,B) --> CAUS(e1,e2))]
     ∧ INST(e2,B)

Zuerst zeigen wir, daß

C ≡ INST(e,CAUSE+(A,B))

ist: Es ist nämlich

C ≡ o[KOMP2(e) ∧ INST(e1,A) ∧ ALLOW(e1,e2)
    ∧ (INST(e2,B) --> CAUS(e1,e2))]
  ∧ INST(e2,B)
≡ o[KOMP2(e) ∧ INST(e1,A) ∧ ALLOW(e1,e2)
    ∧ (INST(e2,B) $-->_p$ CAUS(e1,e2))   (vgl. (3.2-23))
    ∧ ↥INST(e2,B)]
  ∧ ✱INST(e2,B)
≡ (o[KOMP2(e) ∧ INST(e1,A) ∧ ALLOW(e1,e2)
    ∧ ↥INST(e2,B)]
  ∧ ✱INST(e2,B))   (gemäß der Äquivalenz von
  // CAUS(e1,e2)   Seite 74)
≡ (o[KOMP2(e) ∧ INST(e1,A) ∧ ALLOW(e1,e2)]
  ∧ o↥INST(e2,B)   (weil o(C ∧ D) ≡ oC ∧ oD,
  ∧ ✱INST(e2,B))   siehe Seite 29 unten rechts)
  // CAUS(e1,e2)
≡ (o[KOMP2(e) ∧ INST(e1,A) ∧ ALLOW(e1,e2)]
  ∧ INST(e2,B))   (nach der Formel aus dem Beweis des
  // CAUS(e1,e2)   Darstellungssatzes, siehe Seite 34)
≡ INST(e,CAUSE+(A,B)).

Sodann zeigen wir, daß das, was bei Anwendung der Suspensionsfunktion SUSP auf den oben definierten Ausdruck C herauskommt, äquivalent mit der zweiten Variante der Kausationsformel, INST(e,CAUSE(A,B)), ist, daß also

SUSP(C) ≡ INST(e,CAUSE(A,B))

gilt: Gemäß Definition der Suspensionsfunktion (Seite 87f.) haben wir das äußerste Vorkommen von 'o' wegzulassen:

C≡ o[KOMP2(e) ∧ INST(e1,A) ∧ ALLOW(e1,e2)]
  ∧ (INST(e2,B) --> CAUS(e1,e2))
  ∧ INST(e2,B)
≡ o[KOMP2(e) ∧ INST(e1,A) ∧ ALLOW(e1,e2)]   (nach Grundregeln
  ∧ INST(e2,B) ∧ CAUS(e1,e2)   der Aussagenlogik)
≡ INST(e,CAUSE(A,B)).

Nun folgen noch einige Bemerkungen zu (6-29) und (6-30): Zu der Strukturierungsaussage KOMP2(e) vgl. die Erläuterungen im Abschnitt 6.4. Was die beiden weiteren (e-haltigen primitiven prädikativen) Ausdrücke,

CAUS(e1,e2) und ALLOW(e1,e2) ,

betrifft, formulieren wir ein Axiom, ausgehend von der intuitiv begründeten Vorstellung, daß, wenn ein Ereignis e1 ein anderes, e2, zur Folge hat, e1 e2 auch "erlaubt":

<u>Axiom 8</u>

Für alle e1, e2 ϵ E gilt: Wenn CAUS(e1,e2), so ALLOW(e1,e2).

In (6-29) und (6-30) ist zu sehen, daß das 'ALLOW...' nicht nur aus 'CAUS...' folgt, sondern sogar in den Präsuppositionsbereich rückt. Also auch aus dem Nichtkausieren soll folgen, daß e1 e2 erlaubt? Dieser Gedanke ist nur scheinbar intuitionswidrig; wir haben uns nämlich an die Verabredung zu halten, der zufolge e2 im Negationsfalle nicht das mental vorgestellte Ereignis ist, das (eventuell) nicht stattfindet, sondern e2 vielmehr das stattfindende Ereignis ist, das die fragliche Proposition (eventuell) nicht instantiiert.

Wenn wir uns das überlegt haben, ist sofort die Frage herausgefordert: Wozu eine Proposition ALLOW(e1,e2), die doch vom Terminus her an ein Ermöglichen erinnert, wenn e2 in jedem Falle Instanz dessen sein soll, was im Gefolge (was immer das heißen mag) von e1 stattfindet?

Wir meinen, daß hier in analoger Weise zu argumentieren ist, wie wir das im Abschnitt 6.2 bei der Untersuchung der Negation des Zustandswechels getan haben: Dort haben wir (gestützt unter anderem auf das Wörterbuch der deutschen Gegenwartssprache) festgestellt, daß sich das Fortbestehen eines Zustandes aus dem Zustandswechsel erklärt, und zwar als dessen Nichtstattfinden. Und wir haben anhand des Beispiels von den nicht gewaschenen Füßen gesehen, daß die mentale Repräsentation dem, was sich in der Realität ereignet, zusätzliche Strukturen aufprägt (vgl. Abschnitte 6.1 und 6.2). Bezogen auf die sprachlichen Repräsentationen der Kausation: Wenn jemand äußert, daß *Karl Anna nicht geweckt hat* oder daß *der Jäger das Reh nicht getötet hat*, so stellt er, *indem* er diese Feststellung trifft, zwischen einem Ereignis e1, an dem Karl bzw. der Jäger beteiligt war, und dem Ereignis e2, das dann eintrat, eine engere Verbindung her, als daß man von einem bloßen Aufeinanderfolgen sprechen könnte. Wir benennen diese Verbindung mit Hilfe des Prädikats ALLOW, wobei wir dahingestellt sein lassen, ob nicht sogar der Terminus RESULTAT angemessen wäre.

7. Vorführung der semantischen Mechanismen

Nachdem die gegenwärtige Version des EAK und die Art und Weise, in der in sie die Möglichkeit der Instantiierung mit formaler Strenge integriert ist, vorgestellt und ausführlich linguistisch motiviert wurde, soll in diesem Kapitel an ausgewählten Beispielen ihre Anwendung auf Semembeschreibungen vorgeführt werden. Wir schreiten dabei vom Einfacheren zum Komplizierteren voran und führen im Abschnitt 7.1 Mechanismen ohne Einschluß der Suspension vor, während im Abschnitt 7.2 auf der Anwendung des Suspensionsmechanismus das Hauptaugenmerk liegt. Abschnitt 7.3 schließlich enthält aus Abschnitt 7.2 ausgegliederte linguistische Motivationen für die Annahme eines vermittelten Übergangs auch im Fall des Ereignistyps *Fortbestehen eines Zustandes.*

7.1. Präsuppositionssensitive Semembeschreibungen

Der erste Beispielkomplex besteht darin, daß wir die präsuppositionssensitive Repräsentation des kausativen Verbs *wecken* von innen nach außen aufbauen. Dabei durchlaufen wir die Reihenfolge

Zustand – Zustandswechsel – Kausation ,

von der Kapitel 6 geprägt war. Wir sehen, wie Präsuppositionen angehoben werden, und wir werden anhand des Vergleichs der Repräsentationen von *x weckt y* und *x weckt y nicht* die Rolle von Allegation und Annegation sehen.

Ausgangspunkt ist die Zustandsbeschreibung für das Wachsein (vgl. (6-25)):

y ist wach:

(7.1-1) INST(e,/awake/(y))
≡ INST(e,o((HUMAN'BEING(y) v ANIMAL(y)) ∧ ALIVE(y))
∧ AWAKE(y)),

also mit der angenommenen maximalen Präsupposition, daß, wer wach ist, ein lebender Mensch oder ein lebendes Tier ist. Wir setzen /awake/(y) in (6-24), die Instantiierungsregel für BECOME, ein:

y wacht auf:

```
(7.1-2)  INST(e,BECOME(/awake/(y)))
         ≡ ((    o (TRANSITIO (e)
                     ∧ INST(init(e),-/awake/(y)) )
             ∧  INST(fin(e),/awake/(y))          )
             // INST(medium(e),MON'/awake/(y))    )
             ## INST(medium(e),-/awake/(y))        ,
```

Wir setzen für /awake/ den ausführlichen Ausdruck gemäß (6-25) ein, um dann mit den Präsuppositionen operieren zu können. Dabei erinnern wir daran, daß gemäß Abschnitt 6.4 die Proposition MON'/awake/(y) die maximale Präsupposition

(HUMAN'BEING(y) v ANIMAL(y)) ∧ ALIVE(y))

hat, also dieselbe wie die der beiden Zustandsbeschreibungen, zwischen denen (genauer: zwischen deren Instantiierungen) es den übergang beschreibt. Im folgenden kürzen wir ab:

HAA(y) := (HUMAN'BEING(y) v ANIMAL(y)) ∧ ALIVE(y).

Dann ist

```
(7.1-2) ≡ ((    o (TRANSITIO (e)
                    ∧ INST(init(e),oHAA(y) ∧ -AWAKE(y))  )
            ∧  INST(fin(e),oHAA(y) ∧ AWAKE(y))           )
            // INST(medium(e),oHAA(y) ∧ MON'AWAKE(y))     )
            ## INST(medium(e),oHAA(y) ∧ -AWAKE(y))         .
```

Die jetzt folgende Umformung ergibt sich daraus, daß nach (6-17) (siehe Abschnitt 6.3) gilt:

```
INST(e,oHAA(y) ∧ AWAKE(y))
≡ oINST(e,HAA(y)) ∧ (*)INST(e,AWAKE(y)) .
```

(Der Stern in Klammern bedeutet, daß hier ein Stern stehen oder äquivalent weggelassen werden kann, da sein Skopus präsuppositionslos ist, d.h. nur die Werte 2 und 1 annehmen kann.) Es ist

```
(7.1-2) ≡ ((    o (TRANSITIO (e)
                    ∧ INST(init(e),HAA(y))
                    ∧ INST(init(e),-AWAKE(y))  )
            ∧  o INST(fin(e),HAA(y))
            ∧  INST(fin(e),AWAKE(y))           )
```

```
// (oINST(medium(e),HAA(y))
    ∧ INST(medium(e),MON'AWAKE(y)) )
## (oINST(medium(e),HAA(y))
    ∧ INST(medium(e),-AWAKE(y)) )
```

In diesem Ausdruck ist das, was in der Instantiierungsregel für BECOME, (6-24), eine "versteckte" Präsupposition war, nun sichtbar, nämlich daß während der ganzen Dauer von e die Präsuppositionen von /awake/(y) erfüllt sind. Im nächsten Schritt fassen wir die beiden Skopi der Vorkommen von 'o' gemäß der Regel

$$oA \wedge oB \equiv o(A \wedge B)$$

zusammen:

```
(7.1-2) ≡ ((    o (TRANSITIO (e)
                  ∧ INST(init(e),HAA(y))
                  ∧ INST(init(e),-AWAKE(y))
                    INST(fin(e),HAA(y))        )
           ∧  INST(fin(e),AWAKE(y))            )
           // (oINST(medium(e),HAA(y))
               ∧ INST(medium(e),MON'AWAKE(y)) )
           ## (oINST(medium(e),HAA(y))
               ∧ INST(medium(e),-AWAKE(y)) )
```

Jetzt folgt eine Umformung auf Grund einer Äquivalenz aus Abschnitt 3.4,

$$((oA \wedge B) \; // \; (oC \wedge D)) \; \# \# \; (oE \wedge F)$$
$$\equiv o(A \wedge C \wedge E \wedge (B \dashrightarrow_p D) \wedge (-B \dashrightarrow_p F)) \wedge (*)B \; .$$

Ferner wird

$$INST(fin(e),-AWAKE(y)) \equiv= -INST(fin(e),AWAKE(y))$$

benutzt, und wir erhalten

```
(7.1-2) ≡   o (TRANSITIO (e)                       zu A
              ∧ INST(init(e),HAA(y))                zu A
              ∧ INST(init(e),-AWAKE(y))             zu A
              ∧ INST(fin(e),HAA(y))                 zu A
              ∧ INST(medium(e),HAA(y))            C (= E)
```

```
        ∧ (INST(fin(e),AWAKE(y))                              B
           -->ₚ INST(medium(e),MON'AWAKE(y) )                 D
        ∧ (INST(fin(e),-AWAKE(y))                            -B
           -->ₚ INST( medium(e),-AWAKE(y))     ))             F
    ∧ INST(fin(e),AWAKE(y))                               (*)B
```

Schließlich wenden wir noch Axiom 2 (mit der Aussage (6-12), siehe Abschnitt 6.3)) an, dessen Prämisse, daß eine Zustandsbeschreibung gegeben ist, auf Grund der Axiome 6, 4 und 5 gegeben ist. Wegen TRANSITIO(e) können wir daher, wie im Abschnitt 6.4 schon erwähnt, aus

INST(init(e),HAA(y)) ∧ INST(medium(e),HAA(y))
∧ INST(fin(e),HAA(y))

auf

INST(e,HAA(y))

schließen. Damit ist bewiesen, daß aus

INST(e,BECOME(/awake/(y)))

folgt, daß für das ganze Ereignis e – und zwar in beiden Fällen, ob nun y aufwacht oder nicht – y ein lebender Mensch oder ein lebendes Tier ist. Wir können diese Präsupposition äquivalent hinzufügen:

INST(e,BECOME(/awake/(y)))
≡ o HAA(y) ∧ INST(e,BECOME(/awake/(y))) .

Wir fassen zusammen: Der verwendete Formalismus gestattet es, ein Wach-Werden so darzustellen, daß die Präsuppositionen von *wach*, nämlich

Mensch oder Tier und lebend,

angehoben, d.h. auch als Präsuppositionen des Wach-Werdens ausgewiesen werden. Hinzu kommt für *aufwachen* die suspendierbare Präsupposition *schläft anfangs*. Und wir führen nun die weitere Anhebung dieser Präsuppositionen bei Einbettung in eine Kausationsbeschreibung ein; wir repräsentieren

x weckt y:

Dazu wollten wir das Prädikat CAUSE gemäß der Instantiierungsregel

(6-30) INST(e,CAUSE(A,B))
≡ o (KOMP2(e) ∧ INST(e1,A) ∧ ALLOW(e1,e2))

$\wedge$ INST(e2,B)

$\wedge$ CAUS(e1,e2)

verwenden, und wir setzen auf der linken Seite ein:

BECOME(/awake/(y)) für B,

BEH(x) für A;

auf der rechten Seite kann dann für INST(e2,B) das obige letzte Glied der Umformungskette von (7.1-2) stehen:

```
(7.1-3)  INST(e,CAUSE(BEH(x),BECOME(/awake/(y))))
           ≡    o ( KOMP2(e) ∧ INST(e1,BEH(x)) ∧ ALLOW(e1,e2) )
             ∧ o (TRANSITIO (e2)
                  ∧ INST(init(e2),HAA(y))
                  ∧ INST(init(e2),-AWAKE(y))
                  ∧ INST(fin(e2),HAA(y))
                  ∧ INST(medium(e2),HAA(y))
                  ∧ ...                           )
             ∧ INST(fin(e),AWAKE(y))
             ∧ CAUS(e1,e2) .
```

Die unterstrichene Zeile im Präsuppositionsteil weist es als Präsupposition des Weckens aus, daß der zu Weckende anfangs schläft. Das heißt, mit unserer präsuppositionssensitiven Logik kann es formal dargestellt werden, daß nicht etwa

x's Verhalten verursacht, daß y anfangs schläft und dann wach wird

(wie es bei Einsetzung einer präsuppositions*ignoranten* BECOME-Repräsentation als zweites Argument in den CAUSI-Ausdruck herauskommt), sondern daß vielmehr

x's Verhalten verursacht, daß y wach wird, unter der Voraussetzung, daß y anfangs schläft.

Und die übrigen Präsuppositionen - daß y ein lebender Mensch oder ein lebendes Tier ist - wandern auf Grund der Regeln des EAK (wieder können die Skopi von 'o' vereinigt werden) weiter nach oben und sind nun Präsuppositionen von *x weckt y*.

Die Vorteile, die die präsuppositionssensitive Betrachtungsweise bietet, wollen wir uns nun für eine Repräsentation von *x gibt dem z das y* als Beispiel für einen Besitzwechsel zunutze machen. Wir wollen repräsentieren, daß die Normalnegation in dem Satz

Karl gibt Otto das Buch nicht.

besagt, daß der Zustand fortbesteht, daß Karl das Buch hat und Otto es nicht hat. Hierfür bedürfen wir keines Axioms der Art "Wenn HAVE(x,y) und z≠x, so nicht HAVE(z,y)".

Vielmehr erhalten wir das Gewünschte durch eine spezielle Wahl des Arguments von BECOME. Wir benutzen den im Abschnitt 3.4 auf Seite 69 definierten Funktor '<>' der Adäquivalenz und erhalten als Kernstück der Repräsentation des Besitzwechsels den Ausdruck

(7.1-4) BECOME'U (-HAVE(x,y) <> HAVE(z,y)) .

Diese Formel führt uns ganz nebenbei auf eine elementare Definition für das Prädikat CHANGE, wenn dieses den Zustandswechsel von A nach B (A und B Zustandsbeschreibungen, von denen präsupponiert wird, daß sie nicht beide gleichzeitig gelten) beschreibt:

(7.1-5) CHANGE(A,B) :≡ BECOME'U (-A <> B)

Die Präsupposition, daß A und B unverträglich sind, braucht nicht gesondert vermerkt zu werden, sondern wird von dem so definierten CHANGE gleich mitgeliefert: Der unechte Wechsel, CHANGE(A,A), ist kein Wechsel; bei Instantiierung und Wahrheitswertzuordnung erhält er konstant den Wahrheitswert 0 der Präsuppositionsverletzung.

Aus der Definition (7.1-5) folgt die übliche umgekehrte Definition von BECOME'U aus CHANGE:

CHANGE(-A,A) ≡ BECOME'U (A <> A) ≡ BECOME'U(A) .

Nach diesem Exkurs über CHANGE nun zur Repräsentation des Besitzwechsels. Mit den Instantiierungsregeln (6-29) für CAUSE+ und (6-23) für BECOME'U erhalten wir für

x gibt dem y das z:

(7.1-6) INST(e,CAUSE+(BEH(x),BECOME'U(-HAVE(x,y) <> HAVE(z,y))))

Um zu sehen, ob diese Repräsentation für den Assertions- und für den Negationsfall das Gewünschte liefert, wenden wir den Präsuppositionsbeseitigungsfunktor '*' an:

```
*INST(e,CAUSE+(BEH(x), BECOME'U( -HAVE(x,y) <> HAVE(z,y) )))
        ≡ *(KOMP2(e) ∧ INST(e1,BEH(x)) ∧ ALLOW(e1,e2)
            ∧ INST(e2,BECOME'U( -HAVE(x,y) <> HAVE(z,y) ))
            ∧ CAUS(e1,e2))

        ≡ KOMP2(e) ∧ INST(e1,BEH(x))
            ∧ *INST(e2,BECOME'U( -HAVE(x,y) <> HAVE(z,y) ))
            ∧ CAUS(e1,e2)

        ≡ ...

        ≡ KOMP2(e) ∧ INST(e1,BEH(x)) ∧ CAUS(e1,e2)
          ∧ INST(init(e2),HAVE(x,y) ∧ -HAVE(z,y))
          ∧ INST(fin(e2),-HAVE(x,y) ∧ HAVE(z,y)),
```

dabei wurde wesentlich benutzt, daß *(A <> B) ≡ *(A ∧ B) ist, wie sich mit Hilfe der Definition (3.4-8) errechnen läßt (außerdem wurden die Instantiierungsregeln für die Funktoren des EAK benutzt).

Ebenso erhält man mit Hilfe von *-(A <> B) ≡ *(-A ∧ -B)

```
*-INST(e,CAUSE+(BEH(x),BECOME'U( -HAVE(x,y) <> HAVE(z,y) )))
        ≡ KOMP2(e) ∧ INST(e1,BEH(x)) ∧ CAUS(e1,e2)
          ∧ INST(init(e2),HAVE(x,y) ∧ -HAVE(z,y))
          ∧ INST(fin(e2),HAVE(x,y) ∧ -HAVE(z,y)).
```

Diese Formeln besagen - wie gewünscht - , daß z im Assertionsfall in den Besitz von y gelangt und daß im Negationsfalle y bei x verbleibt.

7.2. Demonstration des Suspensionsmechanismus am Beispiel

In Kapitel 4 wurden verschiedene Präsuppositionsauslöser im Hinblick darauf untersucht, ob die von ihnen induzierten Präsuppositionen kontextuell suspendierbar sind oder nicht. Im Ergebnis dieser Diskussion wurde eine Einteilung der von uns betrachteten Präsuppositionen in suspendierbare und nichtsuspendierbare vorgenommen. Von den in in den Kapiteln 6 und 7 betrachteten Repräsentationen vorkommenden Präsuppositionen sind die Präsuppositionen von Verben der Veränderung (P3) suspendierbar und die Selektionsbeschränkungen (P10) nichtsuspendierbar.

Für die Behandlung der Präsuppositionssuspension wurde als formales Mittel eine Suspensionsfunktion SUSP bereitgestellt, die die Eigenschaft hatte, daß sich die Verneinung eines suspendierten Ausdrucks -SUSP(A) logisch zwischen der (präsuppositionserhaltenden) Verneinung des Ausgangsausdrucks -A und der präsuppositionsaffizierenden Verneinung dieses Ausdrucks ¬A (≡ -*A) einordnete.

Wir haben in Kapitel 4 gesehen, daß die Funktion SUSP zwischen suspendierbaren und nichtsuspendierbaren Präsuppositionen unterscheiden kann. Der Preis für diese wichtige Differenzierungsmöglichkeit ist die Nicht-Wahrheitsfunktionalität von SUSP sowie die damit zusammenhängende Notwendigkeit der Verwendung gewisser Standarddarstellungen von suspendierbaren und nichtsuspendierbaren Präsuppositionen in semantischen Repräsentationen.

Die Standardverknüpfung von nichtsuspendierbarer Präsupposition N, suspendierbarer Präsupposition S und eigentlicher Bedeutung E ist

(4-26) $A = o(oN \wedge S) \wedge E$

oder etwas komfortabler (aber auf (4-26) zurückführbar) mit ALL als Allegation und ANN als Annegation

(4-27) A = o(oN ∧ S) // ALL ## ANN.

Aus dieser Darstellungsanforderung ergibt sich, daß die nichtsuspendierbaren Präsuppositionen, also speziell die Selektionsbeschränkungen, in den bisher betrachteten semantischen Repräsentationen gegenüber den ohne Bezug auf den Suspensionmechanismus erstellten Ausdrücken eine zusätzliche Markierung mit dem Funktor 'o' erhalten müssen.

Wir wollen nun das Funktionieren des Suspensionsmechanismus an einem Beispiel demonstrieren. Dazu betrachten wir die Repräsentation von

y wacht auf

(vgl. Abschnitt 7.1), zunächst als Repräsentation mit Allegation und Annegation in einer gegenüber Abschnitt 7.1 (äquivalent) etwas abgewandelten Form:

```
INST(e,BECOME(/awake/(y)))
≡    o ( TRANSITIO (e)
            ∧ INST(e,HAA(y))
            ∧ INST(init(e),-AWAKE(y)) ) ∧
        ∧ INST(fin(e),AWAKE(y))
        // INST(medium(e),MON'AWAKE(y))
        ## INST( medium(e),-AWAKE(y))
```

Dabei ist

/awake/(y) = oHAA(y) ∧ AWAKE(y)

und HAA(y) = (HUM'B(y) ∨ AML(y)) ∧ ALIVE(y).

Wenn wir nun die Funktoren für die Allegation und die Annegation entsprechend den bekannten Äquivalenzen auflösen, erhalten wir:

```
INST(e,BECOME(/awake/(y)))
≡    o (TRANSITIO (e)
        ∧ INST(e,HAA(y))
        ∧ INST(init(e),-AWAKE(y))
        ∧ (INST(fin(e),AWAKE(y))
            -->_p INST(medium(e),MON'AWAKE(y)) )
        ∧ (INST(fin(e),-AWAKE(y))
            -->_p INST( medium(e),-AWAKE(y))    ))
     ∧ INST(fin(e),AWAKE(y))
```

Wir müssen nun, wie oben angekündigt, die nichtsuspendierbaren Präsuppositionen mit einer zusätzlichen 'o'-Markierung versehen. Dies trifft auf jeden Fall auf die Selektionsbeschränkung zu und auf das nachfolgende Konjunkt INST(init(e),-AWAKE(y)) nicht zu; zu klären ist noch, ob TRANSITIO(e) und die Allegation und Annegation entsprechenden Implikationen eine zusätzliche o-Markierung bekommen oder nicht. Eines ist zunächst klar: Wenn das präsuppositionale Konjunkt TRANSITIO(e) suspendierbar ist, dann sind es auch die beiden anderen, da sie überhaupt nur sinnvoll sind, wenn die durch TRANSITIO(e) postulierte Ereignisgrundstruktur erhalten bleibt.

Weiterhin ist ein Unterschied zwischen den Teilpräsuppositionen TRANSITIO(e) und INST(init(e),-AWAKE(y)) augenfällig: Gegen die letztere kann explizit protestiert werden, wie etwa in

(7.2-1) *Anna ist nicht aufgewacht, denn sie hat ja gar nicht geschlafen.*,

gegen erstere dagegen nicht. Es bleibt aber die Frage, ob bei einem Satz wie (7.2-1) die Teilpräsupposition TRANSITIO(e) mitsuspendiert wird oder nicht. Sowohl die Intuition als auch die Durchrechnung beider Alternativen im Formalismus liefern auf diese Frage eine Antwort - glücklicherweise dieselbe. Zunächst die Intuition:

Bei Sätzen wie (7.2-1), in denen ein im ersten Halbsatz präsupponierter Vorzustand im zweiten Halbsatz explizit zurückgewiesen wird, ist auch im zweiten Halbsatz, wenn nicht explizit, so doch zumindest gedacht, ein Bezug auf den Vorzustand präsent. Diese These wird dadurch gestützt, daß in (7.2-1) und in ähnlichen Sätzen Einschübe, in denen dieser Bezug explizit gemacht wird - etwa *anfangs, vorher, bereits, schon*, ohne Sinnveränderung hinzufügbar sind.

(7.2-1) *Anna ist nicht aufgewacht, denn sie hat ja (anfangs) gar nicht geschlafen.*,

(7.2-2) *Karl hat das Fenster nicht geöffnet, denn es war ja (schon vorher) offen.*

(7.2-3) *Es hat nicht aufgehört zu regnen, denn es hat ja (vorher) gar nicht geregnet.*

Der Sprecher/Schreiber erkennt selbst bei einer solchen Präsuppositionszurückweisung, indem er einen speziellen Vorzustand zurückweist, die dem ersten Halbsatz unterliegende Ereignisgrundstruktur, die ja erst ermöglicht, von einem Vorzustand zu sprechen, weiterhin an.

Ein weiteres Argument für die Nichtsuspendierbarkeit der Ereignisgrundstruktur ergibt sich aus der Betrachtung der impliziten Präsuppositionssuspension. Hier bleibt die Ereignisgrundstruktur invariant; im Standardfall werden die Werte von Vor- und Nachzustand vertauscht.

(4-3) *Es hat nicht aufgehört zu regnen, sondern angefangen.*

(4-4) *Karl hat das Fenster nicht geöffnet, sondern geschlossen.*

Wir werden also die Teilpräsupposition, die der Ereignisgrundstruktur entspricht, als nichtsuspendierbar behandeln und die formalen Konsequenzen dieser Entscheidung im folgenden ausbuchstabieren. Dabei wird sich zeigen, daß die andere Entscheidung (, die Ereignisgrundstruktur als suspendierbar zu behandeln,) auch zu formalen Problemen geführt hätte.

Zuvor muß noch geklärt werden, ob die der Allegation und der Annegation entsprechenden Implikationen suspendierbare oder nichtsuspendierbare Präsuppositionsbestandteile sind. Hier ist die Entscheidung ziemlich einfach. Die Allegation und die Annegation beziehen sich auf das Mittelstück medium(e) des Ereignisses e in Abhängigkeit vom Endzustand und haben nur Sinn unter Voraussetzung des Vorzustandes. Da dieser aber suspendierbar ist, sind auch die der Allegation und der Annegation entsprechenden Präsuppositionsteile als supendierbar anzusetzen.

Aus dem eben Besprochenen ergibt sich die folgende Verteilung der zusätzlichen 'o'-Markierungen in der Repräsentation von *y wacht auf* :

```
INST(e,BECOME(/awake/(y)))
≡ A =    o ( o(TRANSITIO (e)
                ∧ INST(e,HAA(y)) )
             ∧ INST(init(e),-AWAKE(y))
             ∧(INST(fin(e),AWAKE(y))
                -->_p INST(medium(e),MON'AWAKE(y)) )
             ∧ (INST(fin(e),-AWAKE(y))
                -->_p INST( medium(e),-AWAKE(y))    ))
          ∧ INST(fin(e),AWAKE(y)) .
```

Dann ergibt sich für SUSP(A) nach den in Abschnitt 4.4 hergeleiteten Regeln:

SUSP(A) = o (TRANSITIO (e)
∧ INST(e,HAA(y)))
∧ INST(init(e),-AWAKE(y))
∧ (INST(fin(e),AWAKE(y))
$-->_p$ INST(medium(e),MON'AWAKE(y)))
∧ (INST(fin(e),-AWAKE(y))
$-->_p$ INST(medium(e),-AWAKE(y)))
∧ INST(fin(e),AWAKE(y)) .

Wir werden im folgenden aus Gründen der Übersichtlichkeit der Darstellung bei Betrachtungen zur Erfüllbarkeit von EAK-Ausdrücken oft statt der präsuppositionssensitiven Form der Ausdrücke A die daraus mittels des Funktors * ableitbare präsuppositionslose Form betrachten. Die Rechtfertigung dafür liefert uns ein in Abschnitt 2.2 bewiesener Satz, der besagt, daß für alle (elementaren und damit auch allgemeinen) EAK Ausdrücke A gilt:

> A ist genau dann allgemeingültig, wenn *A allgemeingültig ist;
> A ist genau dann erfüllbar, wenn *A erfüllbar ist;
> A ist genau dann kontradiktorisch, wenn *A kontradiktorisch ist.

Um Mißverständnissen vorzubeugen, sei noch hinzugefügt, daß ein solcher Übergang zur präsuppositionsignoranten Betrachtungsweise natürlich erst erlaubt ist, nachdem alle innerhalb des EAK durchzuführenden Operationen (also insbesondere die Negation mittels des Funktors '-') abgeschlossen sind und nur noch Meta-Betrachtungen über den Ausdruck (also etwa solche zu dessen Erfüllbarkeit) angestellt werden.

Wir betrachten nun einen affirmativen Satz nach dem zugrunde gelegten Muster, etwa

(7.2-4) *Anna ist aufgewacht.*

und vernachlassigen für unsere Zwecke das Tempus und die Substitution der Variablen y durch *Anna* Anm. 12. Dann erhalten wir als präsuppositionsignorante Reprasentation fur den Satz (7.2-4):

(7.2-4*) *A ≡ TRANSITIO(e)
∧ INST(e,HAA(y))
∧ INST(init(e),-AWAKE(y))
∧ INST(medium(e),MON'AWAKE(y))
∧ INST(fin(e),AWAKE(y))

Dieser Ausdruck besagt in Übereinstimmung mit der Intuition, daß sich ein vermittelter Übergang ereignet, während dessen Anfangsphase Anna nicht wach ist, in dessen Mittelphase eine monotone Veränderung aus Richtung des Zustands "Anna ist nicht wach" in Richtung des Zustands "Anna ist wach" erfolgt und in dessen Endphase Anna wach ist; während des gesamten Ereignisses gilt, daß Anna ein Mensch oder ein Tier und lebendig ist.

Bei Negation unter Normalbedingungen erhalten wir einen Satz wie

(7.2-5) *Anna ist nicht aufgewacht.*

und die folgende präsuppositionsignorante Repräsentation:

(7.2-5*) *-A ≡ TRANSITIO(e)
∧ INST(e,HAA(y))
∧ INST(init(e),-AWAKE(y))
∧ INST(medium(e),-AWAKE(y))
∧ INST(fin(e),-AWAKE(y)).

Hier besagt die Paraphrasierung des Ausdrucks: Es ereignet sich ein vermittelter Übergang, in dessen Anfangsphase, Mittelphase und Endphase Anna nicht wach ist; während des gesamten Ereignisses gilt: Anna ist Mensch oder Tier und lebendig. Anders gesagt: Anna verbleibt im Zustand des Nicht-Wachseins, Anna schläft weiter.

Die Annahme eines *vermittelten* Übergangs auch beim negierten Satz erscheint auf den ersten Blick als überflüssig, da in der Mittelphase die gleiche Proposition gilt wie in der Anfangs- und der Endphase. Man kann jedoch zeigen, daß diese Annahme nicht nur technisch, sondern durchaus auch linguistisch motiviert werden kann. Einige Anhaltspunkte zur linguistischen Begründung dieser Annahme werden wir, um die Betrachtungen zur Präsuppositionssuspension an dieser Stelle nicht zu unterbrechen, im folgenden Abschnitt 7.3 geben.

Was passiert nun bei expliziter Präsuppositionssuspension? Wir betrachten dazu einen Satz wie

(7.2-1) *Anna ist nicht aufgewacht, denn sie hat ja gar nicht geschlafen.*

Hier ergibt sich zunächst ein Widerspruch zwischen dem ersten Halbsatz in seiner präferenten (präsuppositionsbewahrenden) Lesart (7.2-5*) und dem suspendierenden zweiten Halbsatz, den wir für unsere Zwecke vereinfachend durch

(7.2-6) B = -INST(init(e),-AWAKE(y))

repräsentieren:

*-A ∧ *B ≡ TRANSITIO(e)
∧ INST(e,HAA(y))
∧ INST(init(e),-AWAKE(y)) (*)
∧ INST(medium(e),-AWAKE(y))
∧ INST(fin(e),-AWAKE(y))
∧ -INST(init(e),-AWAKE(y)) . (**)

Dieser Ausdruck ist wegen der beiden Bestandteile (*) und (**) kontradiktorisch. Da ein suspendierender Kontext vorliegt, wird auf die Repräsentation des ersten Halbsatzes die Suspensionsfunktion SUSP angewandt. Damit verschwindet der Widerspruch, und wir erhalten als präsuppositionslose Form der Gesamtrepräsentation:

(7.2-1*) *-SUSP(A) ∧ *B ≡
≡ TRANSITIO (e)
∧ INST(e,HAA(y))
∧ (-INST(init(e),-AWAKE(y))
∨ -(INST(fin(e),AWAKE(y))
-->$_{p}$ INST(medium(e),MON AWAKE(y)))
∨ -(INST(fin(e),-AWAKE(y))
-->$_{p}$ INST(medium(e),-AWAKE(y)))

v -INST(fin(e),AWAKE(y)))
∧ -INST(init(e),-AWAKE(y))

≡ TRANSITIO (e)
∧ INST(e,HAA(y))
∧ -INST(init(e),-AWAKE(y)).

Der letzte Umformungsschritt beruhte auf der Regel

(A v B) ∧ A ≡ A;

daß in den Formeln der Funktor 'v' (statt des Funktors 'v_p') benützt werden durfte, liegt daran, daß die vorkommenden Ausdrücke präsuppositionslos sind.

Wir haben also insgesamt für den Satz (7.2-1) mit expliziter Präsuppositionssuspension eine Repräsentation erhalten, die nicht kontradiktorisch ist und mit

Anna hat (vorher) gar nicht geschlafen

paraphrasiert werden kann.

Wir wollen nun überprüfen, welches Ergebnis die Plazierung einer nichtsuspendierbaren Präsupposition in einen suspendierenden Kontext liefert, etwa in einem Beispiel wie dem folgenden absurden Satz:

(7.2-7) ?? *Anna ist nicht aufgewacht, denn Anna ist ein Haus.*

Wir können davon ausgehen, daß aus der Repräsentation des zweiten Halbsatzes der folgende Ausdruck folgt:

(7.2-8) B = -INST(e,HAA(y)).

Wir erhalten leicht, daß dann *-A ∧ B kontradiktorisch ist. Da ein suspendierender Kontext vorliegt, wird wiederum die Suspensionfunktion angewandt und wir erhalten:

(7.2-7*) *-SUSP(A) ∧ *B ≡

≡ TRANSITIO (e)
∧ INST(e,HAA(y)) (*)
∧ (-INST(init(e),-AWAKE(y))
v -(INST(fin(e),AWAKE(y))

```
    -->p INST(medium(e),MON'AWAKE(y)))
  v -(INST(fin(e),-AWAKE(y))
    -->p INST( medium(e),-AWAKE(y)))
  v -INST(fin(e),AWAKE(y)))
∧ -INST(e,HAA(y)).                      (**)
```

Dieser Ausdruck ist wegen der Bestandteile (*) und (**) kontradiktorisch.

Wir haben damit also insgesamt die erwünschten Ergebnisse erhalten: Die explizite Präsuppositionssuspension einer suspendierbaren Präsupposition wird akzeptiert, bei einer nichtsuspendierbaren Präsupposition läßt sich der Widerspruch durch die Suspensionsoperation nicht beseitigen.

Nachdem wir soeben ein Beispiel aus dem Bereich der transformativen Verben behandelt haben, wollen wir nun ein im Abschnitt 7.1 bereitgestelltes Beispiel für ein kausatives Verb betrachten.

Dort wurde die präsuppositionssensitive Repräsentation für

x *weckt* y

abgeleitet, die letzten Endes zu folgendem allgemeinen EAK-Ausdruck führte:

```
INST(e,CAUSE(BEH(x),BECOME(/awake/(y))))
≡    o(KOMP2(e) ∧ INST(e1,BEH(x)) ∧ ALLOW(e1,e2)
        ∧ TRANSITIO (e2)
        ∧ INST(e2,HAA(y))
        ∧ INST(init(e2),-AWAKE(y))
        ∧ (INST(fin(e2),AWAKE(y))
            -->p INST(medium(e2),MON'AWAKE(y)) )
        ∧ (INST(fin(e2),-AWAKE(y))
            -->p INST( medium(e2),-AWAKE(y)) )  )
   ∧ CAUS(e1,e2) ∧ INST(fin(e2),AWAKE(y))
```

Wir mussen nun wieder zwischen suspendierbaren und nichtsuspendierbaren Prasuppositionen differenzieren. Diese Differenzierung führt zu der folgenden Festlegung des Skopus des zusätzlichen o-Vorkommens, wobei wir die Motivation, die ahnlich der bei dem vorigen Beispiel zu geben ist, hier unterdrucken:

```
A  ≡  o(o(KOMP2(e) ∧ INST(e1,BEH(x)) ∧ ALLOW(e1,e2)
          ∧ TRANSITIO (e2)
          ∧ INST(e2,HAA(y))   )
          ∧ INST(init(e2),-AWAKE(y))
          ∧ (INST(fin(e2),AWAKE(y))
             -->p INST(medium(e2),MON'AWAKE(y)) )
          ∧ (INST(fin(e2),-AWAKE(y))
             -->p INST( medium(e2),-AWAKE(y)) ) )

      ∧ CAUS(e1,e2) ∧ INST(fin(e2),AWAKE(y))
```

Dieser Ausdruck kann unter den gleichen Voraussetzungen wie oben (Vernachlässigung von Tempus und Eigennamenbehandlung) als präsuppositionssensitive Repräsentation für einen Satz wie

(7.2-9) *Karl hat Anna geweckt.*

angesehen werden.

Wir erinnern an die Bemerkungen, die wir weiter oben zu den abgeleiteten präsuppositionslosen Repräsentationen gemacht haben und berechnen zunächst die präsuppositionslose Repräsentation von (7.2-9):

```
(7.2-9*) *A ≡
      ≡    KOMP2(e) ∧ INST(e1,BEH(x)) ∧ ALLOW(e1,e2)
                    ∧ TRANSITIO (e2)
                    ∧ INST(e2,HAA(y))
                    ∧ INST(init(e2),-AWAKE(y))
                    ∧ INST(medium(e2),MON'AWAKE(y))
                    ∧ INST(fin(e2),AWAKE(y))
                    ∧ CAUS(e1,e2)
      ≡    KOMP2(e) ∧ INST(e1,BEH(x))
                    ∧ TRANSITIO (e2)
                    ∧ INST(e2,HAA(y))
                    ∧ INST(init(e2),-AWAKE(y))
                    ∧ INST(medium(e2),MON'AWAKE(y))
                    ∧ INST(fin(e2),AWAKE(y))
                    ∧ CAUS(e1,e2)
```

Die letzte Umformung ist möglich, weil aus CAUS(e1,e2) ALLOW(e1,e2) folgt.

Wir geben für diesen Ausdruck noch einmal eine Paraphrasierung an; für die danach folgenden dürfte dies dann aber wohl nicht mehr nötig sein:

Der Satz (7.2-9) beschreibt ein zweikomponentiges Ereignis, dessen erste Komponente die zweite kausiert, und bei dessen erster Komponente Karl Ereignisträger ist; die zweite Komponente ist ein vermittelter Übergang, während dessen Anna Mensch oder Tier und lebendig ist. In der Anfangsphase des zweiten Ereignisses ist Anna nicht wach, während der Mittelphase findet ein monotoner Übergang aus Richtung des Zustandes "nicht wach" in Richtung des Zustandes "wach" statt, und in der Endphase ist Anna wach.

Die präsuppositionslose Repräsentation des Satzes

(7.2-10) *Karl hat Anna nicht geweckt.*

ergibt sich durch Berechnung von *-A:

$$
\begin{aligned}
&(7.2\text{-}10*)\ *\text{-}A \equiv \\
\equiv\quad & \text{KOMP2}(e) \wedge \text{INST}(e1,\text{BEH}(x)) \wedge \text{ALLOW}(e1,e2) \\
& \quad \wedge \text{TRANSITIO}(e2) \\
& \quad \wedge \text{INST}(e2,\text{HAA}(y)) \\
& \quad \wedge \text{INST}(\text{init}(e2),-\text{AWAKE}(y)) \\
& \quad \wedge (\text{INST}(\text{fin}(e2),\text{AWAKE}(y)) \\
& \qquad \rightarrow_{p} \text{INST}(\text{medium}(e2),\text{MON'AWAKE}(y))\ ) \\
& \quad \wedge (\text{INST}(\text{fin}(e2),-\text{AWAKE}(y)) \\
& \qquad \rightarrow_{p} \text{INST}(\ \text{medium}(e2),-\text{AWAKE}(y))\ ) \\
& \quad \wedge (-\text{CAUS}(e1,e2) \vee -\text{INST}(\text{fin}(e2),\text{AWAKE}(y)))
\end{aligned}
$$

Nun betrachten wir wieder einen Satz, in dem eine explizite Zurückweisung einer suspendierbaren Präsupposition vorkommt.

(7.2-11) *Karl hat Anna nicht geweckt, denn sie hat ja gar nicht geschlafen.*

Wir berechnen zunächst *-SUSP(A):

```
*-SUSP(A) ≡
        ≡ *-(o(KOMP2(e) ∧ INST(e1,BEH(x)) ∧ ALLOW(e1,e2)
              ∧ TRANSITIO (e2)
              ∧ INST(e2,HAA(y))  )
              ∧ INST(init(e2),-AWAKE(y))
              ∧ (INST(fin(e2),AWAKE(y))
                  -->p INST(medium(e2),MON'AWAKE(y)) )
              ∧ (INST(fin(e2),-AWAKE(y))
                  -->p INST( medium(e2),-AWAKE(y)) )
           ∧ CAUS(e1,e2) ∧ INST(fin(e2),AWAKE(y))  )
        ≡       KOMP2(e) ∧ INST(e1,BEH(x)) ∧
              ∧ TRANSITIO (e2)
              ∧ INST(e2,HAA(y))
              ∧ (-INST(init(e2),-AWAKE(y))
                  v -(INST(fin(e2),AWAKE(y))
                      -->p INST(medium(e2),MON'AWAKE(y)) )
                  v -(INST(fin(e2),-AWAKE(y))
                      -->p INST( medium(e2),-AWAKE(y)) )
                  v -CAUS(e1,e2)
                  v -INST(fin(e2),AWAKE(y)) ) .
```

Wenn wir als Repräsentation des suspendierenden Kontextes wie oben

(7.2-6) B = -INST(init(e),-AWAKE(y))

verwenden, erhalten wir wieder einen Widerspruch zur präferenten präsuppositionsbewahrenden Lesart des negierten ersten Halbsatzes: Der Ausdruck

*-A ∧ *B

ist kontradiktorisch, da in ihm - das macht man sich ebenso wie beim Beispiel (7.2-1) klar - die beiden Teilausdrucke

INST(init(e),-AWAKE(y)) und

- INST(init(e),-AWAKE(y))

konjunktiv verknüpft werden.

Durch Anwendung der Suspendierungsfunktion erhalten wir den obigen Ausdruck für *-SUSP(A) und nach ähnlichen Umformungen wie bei (7.2-1*) die (nicht kontradiktorische) präsuppositionslose Gesamtrepräsentation des Satzes (7.2-11):

(7.2-11*) *-SUSP(A) ∧ *B ≡
≡ KOMP2(e) ∧ INST(e1,BEH(x))
∧ ALLOW(e1,e2) ∧ TRANSITIO (e2)
∧ INST(e2,HAA(y))
∧ -INST(init(e2),-AWAKE(y)) .

Im Gegensatz dazu bleibt bei einem Satz wie

(7.2-12) ?? *Karl hat Anna nicht geweckt, denn Anna ist sein Segelboot.*,

bei dem die Verneinung einer nichtsuspendierbaren Präsupposition aus einem suspendierenden Kontext folgt, auch nach Anwendung der Suspensionsfunktion der Widerspruch zwischen den Repräsentationen der beiden Halbsätze bestehen, wie man vollkommen analog zu den Betrachtungen beim Beispiel (7.2-7) zeigen kann.

Damit haben wir auch anhand dieses Beispiels aus dem Bereich der kausativen Verben, wie schon vorhin bei den transformativen Verben, gezeigt, daß der im Abschnitt 4.4 beschriebene Suspensionsmechanismus für die hier betrachteten Arten von Präsuppositionen die gewünschten Ergebnisse liefert.

7.3. Weitere linguistische Gründe für die Verwendung der MON-Prädikate bei vermittelten übergängen

Wir greifen nun einen Diskussionspunkt aus Abschnitt 7.2 wieder auf. Dort hatten wir im Anschluß an die formale Herleitung und Interpretation der Repräsentation des negierten Beispielsatzes

(7.2-5) *Anna ist nicht aufgewacht.*

die Feststellung getroffen, daß die Annahme eines *vermittelten* übergangs auch beim negierten Satz auf den ersten Blick als überflüssig erscheine, da in der Mittelphase die gleiche Proposition gilt wie in der Anfangs- und der Endphase.

Zunächst kann man konstatieren, daß eine solche Annahme nicht im Widerspruch zur intuitiven Interpretation von Satz (7.2-5) steht und insofern als Ergebnis der Negation unter Normalbedingungen aus dem affirmativen Satz übernommen werden kann. Es gibt aber darüber hinaus Anhaltspunkte dafür, daß die Annahme eines vermittelten übergangs auch im Falle des negierten Satzes aus eigenen Gründen sinnvoll ist. Ein solcher Anhaltspunkt ist die Tatsache, daß auf die Mittelphase des vermittelten übergangs durch Modifikationen explizit bezug genommen werden kann, und zwar nicht nur im affirmativen, sondern auch im negierten Fall. Dabei entsprechen den unterschiedlich gearteten Propositionen, die im affirmativen bzw. im negierten Fall in der Mittelphase gelten, auch deutlich unterscheidbare Modifikatoren. Dazu betrachten wir die folgenden Beispiele:

(7.3-1) *Anna wachte allmählich auf.*

(7.3-2) * *Anna wachte lange Zeit auf.*

(7.3-3) * *Anna wachte allmählich nicht auf.*

(7.3-4) *Anna wachte lange Zeit nicht auf.*

Diese Beispiele bestätigen die im Abschnitt 7.2 angegebene (in Abschnitt 7.1 hergeleitete) Analyse von

INST(e,BECOME(/awake/(y)),

die zu den Repräsentationen (7.2-4*) und (7.2-5*) für die Sätze (7.2-4) und (7.2-5) geführt hat.

Im negierten Fall ist die Mittelphase medium(e) mit einer *Zustandsbeschreibung* (nämlich -AWAKE(y)) instantiiert, im affirmativen Fall mit einer *Gleichförmigkeitsbeschreibung*, die keine Zustandsbeschreibung ist (nämlich MON'AWAKE(y)). Es entspricht dem Charakter dieser beiden Arten von Propositionen, daß erstere durch solche Adverbiale wie *allmählich*, *nach und nach*, *schrittweise*, *langsam* modifiziert werden können, letztere dagegen durch solche wie *lange*, *lange Zeit*, *seitdem*, *immer noch*, während eine "über-Kreuz-Modifikation" nicht akzeptiert wird (vgl. (7.3-1) bis (7.3-4)). In KLIMONOW (1989) werden Untersuchungen angestellt, die u.a. die Notwendigkeit einer Unterscheidung dieser beiden Gruppen von Adverbialien, die dort *durativ-qualitativ* bzw.

durativ-quantitativ genannt werden, begründen. Für uns bedeutet die hier diskutierte Möglichkeit der Modifikation von affirmativen bzw. negierten Sätzen mit solchen transformativen Verben wie *aufwachen* eine empirische Stützung unserer Analyse von BECOME als Prädikat des vermittelten Übergangs, da die besprochenen Modifikationen weder an der Anfangs- noch an der Endphase des Ereignisses korrekt angeknüpft sind.

Wir wollen den eben verfolgten Gedankengang noch anhand einer weiteren interessanten Erscheinung vertiefen. In LANG (1977) werden als Beispiele für die sogenannte *iterative* oder *intensivierende Koordination* u.a. folgende Sätze angeführt:

(7.3-5) *Die Schlagsahne wird steifer und steifer.*
(7.3-6) * *Die Schlagsahne wird und wird steifer.*
(7.3-7) * *Die Schlagsahne wird nicht steifer und steifer.*
(7.3-8) *Die Schlagsahne wird und wird nicht steifer.*

Die (normalerweise bei der Koordination nicht akzeptable) Wiederholung identischer Konjunkte bewirkt hier einen Intensivierungseffekt, was im affirmativen Fall durch eine mögliche Paraphrase mit *immer* verdeutlicht werden kann:

(7.3-9) *Die Schlagsahne wird immer steifer.*

Was wird nun im affirmativen und was im negierten Fall intensiviert? Im affirmativen Fall wird zunächst durch einen Satz wie

(7.3-10) *Die Schlagsahne wird steifer.*

eine Verstärkung des Ausprägungsgrades des durch die Bedeutung des Adjektivs, das im Satz im Komparativ vorkommt, gegebenen Zustandes ausgedrückt. Die Bedeutung eines solchen Satzes wird durch die Mittelphase unserer BECOME-Repräsentation erfaßt: Es wird ausgesagt, daß eine monotone Veränderung aus Richtung des Zustands "nicht steif" in Richtung des Zustands "steif" erfolgt; uber den Endzustand wird nichts ausgesagt. In einem Satz wie (7.3-5) wird gegenuber (7.3-10) eine Intensivierung der monotonen Veränderung ausgedrückt, gewissermaßen ein beschleunigtes oder deutlicheres Fortschreiten auf der MON'/steif/-Skala. Das Ausdrucksmittel der iterativen Koordination nimmt also im affirmativen Satz (vom behandelten Grundmuster) Bezug auf die Mittelphase und drückt eine Intensivierung der Veränderung aus.

Betrachten wir nun das negative Pendant zu (7.3-10):

(7.3-11) *Die Schlagsahne wird nicht steifer.*

Hier wird ausgesagt, daß in der Mittelphase keine monotone Veränderung von "nicht steif" in Richtung "steif" erfolgt. Bei den Sätzen mit *werden* und Adjektiv im Komparativ ist also MON'/Adj/ nicht mehr Allegation wie bei den transformativen Verben, sondern eigentliche Bedeutung. Die Verstärkung, die durch die Iteration in Satz (7.3-8) gegenüber (7.3-11) ausgedrückt wird, bezieht sich auf die Dauer der Phase, in der keine Veränderung eintritt.

Die soeben dargelegten Beobachtungen über die Wirkung der iterativen Koordination in affirmativen und negierten Sätzen spiegeln sich auch auf der Ausdrucksseite wider. Während im affirmativen Fall als Ausdruck der Intensivierung der Veränderung das Adjektiv im Komparativ iteriert wird, wird im negierten Fall als Ausdruck der Bekräftigung der Dauer der Nicht-Veränderung die entsprechende (negierte) Form des Verbs *werden* iteriert (vgl. (7.3-5) - (7.3-8)). Bei einer Konstruktion mit *werden* und Adjektiv im Positiv ist iterative Koordination folgerichtig im affirmativen Fall ausgeschlossen, im negierten Fall jedoch möglich:

(7.3-12) * *Anna wird wach und wach.*

(7.3-13) *Anna wird und wird nicht wach.*

Letzter Satz ist eine Verstärkung von

(7.3-14) *Anna wird nicht wach.*,

der wiederum synonym mit

(7.3-15) *Anna wacht nicht auf.*

ist. Die Verstärkung bezieht sich auf die Dauer der Mittelphase, in der -AWAKE(y) gilt (siehe (7.2-5*)).

Es ist also eine deutliche Parallelität zwischen den oben

besprochenen Modifikationsmöglichkeiten und der Wirkung der iterativen Koordination bei affirmativen bzw. negierten Sätzen, in denen das Prädikat *werden* eine Rolle spielt, zu konstatieren. Während sich im affirmativen Fall die Modifikation und die intensivierende Wirkung der iterativen Koordination auf die Art und Weise der Veränderung beziehen, wird im negierten Fall die Dauer der Nicht-Veränderung von deren Wirkung betroffen; in beiden Fällen bezieht sich die Wirkung jedoch auf die Mittelphase des Ereignisses.

Anmerkungen

1 *** 2.1.1 ***

Hier und im folgenden benutzen wir zur Illustration der formalen Definitionen von Funktionen- und Prädikatenkonstanten und von Ausdrücken Beispiele aus den Kapiteln 6 und 7. Die Funktionen- und die Prädikatenkonstanten sind im allgemeinen so benannt, daß eine Vorstellung von ihrer Interpretation, die in diesen Kapiteln genau angegeben wird, schon hier leicht mit ihren Namen assoziiert werden kann.

2 *** 2.1.1 ***

Durch die Interpretation der Funktionen- und Relationenkonstanten werden die Teil-Individuenbereiche strukturiert, die dadurch zu universalen Algebren werden.

3 *** 2.1.1 ***

Wir benutzen hier und im folgenden zur Vereinfachung der Schreibweise die Vereinbarung, daß für $s \in \{x,t,l,e\}$ mit S das entsprechende Element aus $\{X,T,L,E\}$ gemeint ist und umgekehrt.

4 *** 2.1.1 ***

Wir verwenden hier den Lambda-Operator; $\lambda e\ (I(P)(e, \ldots))$ ist also zu lesen als "die Funktion, die jedem e den Wert $I(P)(e, \ldots)$ zuordnet".

5 *** 3.2 ***

Wir benutzen hier die in der Logik übliche Schreibweise für Schlußregeln, bei der über dem Strich die Prämissen und unter dem Strich die Konklusio steht.

6 *** 3.2 ***

Wir verwenden in semantischen Äquivalenzen $\underline{2}$, $\underline{1}$ und $\underline{0}$ als Kurzzeichen für beliebige Ausdrücke, die nur den Wert 2, 1 bzw. 0 annehmen, etwa $p \vee \neg p$, $p \wedge \neg p$ und $o(p \wedge \neg p)$.

7 *** 3.3 ***

Dem entgeht auch BIERWISCH (z.B. 1988d:8) nicht durch mehrfache Anwendung des Funktors : Sein DoppelpunktFunktor ist in den Fällen, in denen er auf zwei propositionale Argumente angewandt wird, einer Kombination von Funktoranwendungen bei uns äquivalent, und zwar ist A:B äquivalent mit $\circ A \wedge B$. Hier die definierende Wahrheitstafel für den Funktor ':':

AEQ	2	1	0
2	2	0	0
1	0	0	0
0	0	0	0

Nun gilt bei Mehrfachanwendung, wie aus der unten notierten Wahrheitstafel ersichtlich,

$$(A : B) : C \equiv A : (B : C) \equiv (A \wedge B) : C \ .$$

Das bedeutet, daß in einem Ausdruck der Form A : B : C (so oder so geklammert) stets links vom rechten Doppelpunkt ein präsuppositionsloser Ausdruck steht.

$(A : B) : C \equiv A : (B : C) \equiv (A \wedge B) : C$

A	:	B	:•	C	:•	:	∧	:•
2	2	2	2	2	2	2	2	2
2	2	2	1	1	1	1	2	1
2	2	2	0	0	0	0	2	0
2	1	1	0	2	0	0	1	0
2	1	1	0	1	0	0	1	0
2	1	1	0	0	0	0	1	0
2	1	0	0	2	0	0	0	0
2	0	0	0	1	0	0	0	0
2	0	0	0	0	0	0	0	0
1	0		0		0		≠2	0
0	0		0		0		0	0

8 *** 3.4 ***

Für jedes Paar A, AL von elementaren oder von allgemeinen EAK-Ausdrücken gilt: AL ist Allegation von A genau dann, wenn

(a) für jede Belegung f gilt:

wenn f(A) = 2, so f(AL) = 2,

wenn f(A) = 1, so f(AL) ≠ 0,

(b) es gibt Belegungen f und g mit

(f(A),f(AL)) = (1,1) ,

(g(A),g(AL)) = (1,2) .

Entsprechend die geänderten Eintragungen in der Liste der maximal möglichen Wahrheitswertpaare:

A	2	2	2	1	1	1	0	0	0
AL	2	1	0	2	1	0	2	1	0
	e	v	v	n	n	v	e	e	e

e = erlaubte Wertpaare
v = verbotene Wertpaare
n = nötige Wertpaare

9 *** 4.3 ***

Wir nutzen bei unseren Beispielen stillschweigend die durchaus nicht selbstverständliche Tatsache aus, daß die explizite Suspension von BECOME-Präsuppositionen bei Sätzen im Perfekt wesentlich leichter akzeptiert wird als sonst; PASCH (1989) beschäftigt sich genauer mit dieser Frage.

Des weiteren verwenden wir in Beispielsätzen gewisse Partikeln wie *ja*, *gar*, *überhaupt*, die typisch für suspendierende Kontexte sind und die Akzeptabilität solcher Beispielsätze heraufsetzen, ohne sie bei der weiteren Analyse zu berücksichtigen.

10 *** 4.5. ***

In dieser Frage - der nicht wahrheitsfunktionalen Behandlung der expliziten Präsuppositionssuspension - befinden wir uns im Einklang mit DOLLING (1988), der zur Behandlung der Präsuppositionssuspension und weiterer Negationsphänomene die Einführung eines nicht wahrheitsfunktionalen *positionalen* Negationsfunktors vorschlägt.

11 *** 4.5 ***

Die Bezeichnung suspendierbare *Folgerung* ist ohne ein klärendes Wort möglicherweise etwas irreführend: Wenn nämlich B eine suspendierbare Folgerung von A ist, wird ja im Suspensionsfall nicht die Folgerung von B aus A unterbunden, sondern die Folgerung von -B aus -A. Deshalb müßte es eigentlich korrekter *suspendierbare Adäquivalenz* oder *suspendierbar eigentliche Bedeutung* heißen. Da aber nach der soeben vorgenommenen Klärung mit dem Begriff *suspendierbare Folgerung* am schnellsten die intendierte Bedeutung assoziiert wird, wollen wir ihn beibehalten.

12 *** 7.2 ***

Die Repräsentation von Eigennamen ohne Verwendung von Individuenkonstanten müßte etwa in der Weise erfolgen, wie BIERWISCH dies unter Verwendung des Prädikats HEISSEN vorschlägt. Wir klammern diese Problematik vorerst aus unseren Untersuchungen aus.

Literatur

BERGMANN (1981): Merrie Bergmann, Presupposition and Two-Dimensional Logic. In: Journal of Philosophical Logic 10, 27-53.

-- (1982): Merrie Bergmann, Expressibility in Two-Dimensional Language for Presupposition. In: Notre Dame Journal of Formal Logic 23, 459-470.

BIERWISCH (1986): Vervielfältigtes Handout von Manfred Bierwisch für die Intensivtage vom 27. bis 29. Oktober 1986 am Zentralinstitut für Sprachwissenschaft der AdW der DDR, Berlin.

-- (1988a): Manfred Bierwisch, On the Grammar of Local Prepositions. In: Studia grammatica XXIX. Berlin 1988, 1-65.

-- (1988b): Manfred Bierwisch, Cognitive Linguistics: Framework and Topics. A Series of Seminars. Nijmegen 1988 (als Handout vervielfältigt).

-- (1988c): A Compositional Theory of Verbs of Motion. Nijmegen 1988 (als Handout vervielfältigt).

-- (1988d): Manfred Bierwisch, Towards a Compositional Theory of Tense. Nijmegen 1988 (als Handout vervielfältigt).

BLAU (1978): Ulrich Blau, Die dreiwertige Logik der Sprache. Ihre Syntax, Semantik und Anwendung in der Sprachanalyse. Berlin 1978.

DÖLLING (1988): Johannes Dölling, Natürlichsprachige Negation und logische Negationsoperatoren. Ein Beitrag zur semantischen Analyse der lexikalischen Einheit *nicht*. In: Logische und semantische Aspekte der Negation. Hg. von Johannes Dölling. Linguistische Studien, Reihe A, Heft 182. Berlin 1988, 1-104.

FREGE (1966): Gottlob Frege, Funktion, Begriff, Bedeutung. Fünf logische Studien. Herausgegeben und eingeleitet von Günther Patzig. 2., durchgesehene Auflage. Göttingen 1966.

GAZDAR (1979): Gerald Gazdar, A Solution to the Projection Problem. In: Presupposition. Ed. by Choon-Kyu Oh and David A. Dinneen. Syntax and Semantics 11. New York/San Francisco/London 1979, 57-90.

GRICE (1975): H. Paul Grice, Logic and Conversation. In: Speech Acts. Ed. by Peter Cole and Jerry L. Morgan. Syntax and Semantics 3. New York/San Francisco/London 1975, 41-58.

HAJIČOVÁ (1975): Eva Hajičová, Negace a presuposice ve významové stavbě věty. Praha 1975. (Mit 23 Seiten Zusammenfassung in

Englisch.)

-- (1984): Eva Hajičová, Presupposition and Allegation Revisited. In: Journal of Pragmatics 8, 155-167.

HEIDOLPH (1970): Karl-Erich Heidolph, Zur Bedeutung negativer Sätze. In: Progress in Linguistics. Ed. by Manfred Bierwisch and Karl Erich Heidolph. Paris 1970, 86-101.

HELBIG (1978): Hermann Helbig, Ein Repertoire von Darstellungsmitteln zur semantischen Repräsentation von Wissen in einem Frage-Antwort-System. Dresden 1978.

-- (1979): Hermann Helbig, Zur Behandlung einiger grundlegender Probleme der semantischen Repräsentation von Wissen in einem Frage-Antwort-System. Dresden 1979.

HÖSER (1986): Iris Höser, Untersuchungen zur formalisierten Beschreibung von Verbsememen für die automatische Satzanalyse (am Beispiel ausgewählter Verben des Deutschen). Linguistische Studien, Reihe A, Heft 155. Berlin 1986.

JUNG (1985): Uwe Jung, Verfeinerung des selektiven Mechanismus - eine Anwendung eines Negations-Präsuppositions-Kalküls. In: Mitteilungen zur automatischen Sprachverarbeitung. Berlin, Januar 1985, 59-60.

-- (1988): Uwe Jung, Zum Problem der Präsuppositionssuspension. In: Mitteilungen zur automatischen Sprachverarbeitung. Berlin, September 1988, 16-17.

JUNG/KÜSTNER (1987): Uwe Jung/Herbert Küstner, Ein Kalkul zur Behandlung von Negation und Präsupposition und seine Anwendung auf die semantische Beschreibung lexikalischer Einheiten. In: Jürgen Kunze/Uwe Jung/Herbert Küstner, Probleme der Selektion und Semantik. Studia grammatica XXVIII. Berlin 1987, 155-210.

-- (1987): Uwe Jung/Herbert Küstner, Remarks on Treating the Negation. In: Mitteilungen zur automatischen Sprachverarbeitung. Berlin, Juni 1987, 30-36.

-- (in Vorbereitung): Gerbert Kjustner/Uwe Jung, O predstavlenii logičeskich svojstv otricanija v estestvennom jazyke. Erevan.

KLIMONOW (1989): Gerda Klimonow, Valenz als eine theoretische Grundlage der automatischen Sprachverarbeitung. In: Gerda Klimonow/Ingrid Starke/Vladimir M. Grigorjan/Robert L. Urutjan, Zur Syntax und Semantik prädikativer Strukturen. Studia Grammatica XXX. Berlin 1989, 16-77.

KUNZE (1982): Jurgen Kunze, Probleme der Selektion in der automatischen Satzanalyse. In: Automatische Analyse des Deutschen. Hg. von Jürgen Kunze. Berlin 1982, 223-256.

-- (1987): Jürgen Kunze, Phasen, Zeitrelationen und zeitbezogene Inferenzen. In: Jürgen Kunze/Uwe Jung/Herbert Küstner, Probleme der Selektion und Semantik. Studia grammatica XXVIII. Berlin 1987, 8-154.

-- (1988): Jürgen Kunze, Instantiations and (Obligatory vs. Optional) Actants. In: Coling Budapest. Proceedings of the 12th International Conference on Computational Linguistics. Budapest 1988, 356-358.

-- (in Vorbereitung): Jürgen Kunze, Kasusrelationen. Studia grammatica. Berlin.

KÜSTNER (1984): Herbert Küstner, How to Formalize Natural Language Negation. In: The Prague Bulletin of Mathematical Linguistics 42. Praha 1984, 15-26.

-- (1988): Herbert Küstner, Drawing up presupposition-sensitive sememe representations allowing for allegation and for the structure of events. In: Mitteilungen zur automatischen Sprachverarbeitung. Berlin, September 1988, 17-18.

LANG (1977): Ewald Lang, Semantik der koordinativen Verknüpfung. Studia grammatica XIV. Berlin 1977.

-- (1984): Ewald Lang, The Semantics of Coordination. Amsterdam 1984.

LAKOFF (1970): George Lakoff, Linguistics and Natural Logic. Ann Arbor 1970.

MAX (1986): Ingolf Max, Präsuppositionen - Ein Überblick über die logischen Darstellungsweisen und Vorschläge zu ihrer logischen Explikation mittels Funktorenvariablen. Dissertation A. Martin-Luther-Universität Halle/Wittenberg 1986.

-- (1988): Ingolf Max, Vorschläge zur logischen Explikation von Negationen mittels Funktorenvariablen. In: Logische und semantische Aspekte der Negation. Hg. von Johannes Dölling. Linguistische Studien, Reihe A, Heft 182. Berlin 1988, 105-161.

OH/DINNEEN (1979): Presupposition. Ed. by Choon-Kyu Oh and David A. Dinneen. Syntax and Semantics 11. New York/San Francisco/London 1979.

PASCH (in Vorbereitung): Renate Pasch, Präsuppositionen und "Präsuppositionen". Linguistische Studien, Reihe A. Berlin.

PINKAL (1985): Manfred Pinkal, Neuere Theorien der Präsuppositition. In: Studium Linguistik 17/18, 114-126.

REICHENBACH (1947): Hans Reichenbach, Elements of Symbolic Logic. London 1947.

RUSSELL (1905): Bertrand Russell, On Denoting. In: Mind 14, 479-493.

SCHUMACHER (1986): Verben in Feldern. Valenzwörterbuch zur Syntax und Semantik deutscher Verben. Hg. von Helmut Schumacher. Berlin/New York 1986.

SEUREN (1980): Pieter A. M. Seuren, Dreiwertige Logik und die Semantik natürlicher Sprache. In: Grammatik und Logik. Hg. von Joachim Ballweg und Hans Glinz. Jahrbuch 1979 des Instituts für Deutsche Sprache. Düsseldorf 1980, 72-103.

-- (1985): Pieter A. M. Seuren, Discourse Semantics. With an appendix by A. Weitjers. Oxford 1985.

STARKE (1989): Ingrid Starke, Untersuchungen zur syntaktisch-semantischen Leistung von Funktionsverbgefügen im Deutschen. In: Gerda Klimonow/Ingrid Starke/Vladimir M. Grigorjan/Robert L. Urutjan, Zur Syntax und Semantik prädikativer Strukturen. Studia Grammatica XXX. Berlin 1989, 78-114.

VENDLER (1967): Zeno Vendler, Linguistics in Philosophy. Ithaca 1967.

WILSON (1975): Deirdre Wilson, Presupposition and Non-truth-conditional Semantics. New York 1975.

WdG (1980): Wörterbuch der deutschen Gegenwartssprache. HG. von Ruth Klappenbach und Wolfgang Steinitz. Zehnte, bearbeitete Auflage. Berlin 1980.

EAK 1988: Wichtige Definitionen und Regeln

Beilage zu: *Uwe Jung/Herbert Küstner, Semantische Mechanismen der Negation (studia grammatica XXXI)*

===

<u>Wahrheitswerte</u>: 2 "wahr", 1 "falsch", 0 "Präsupposition verletzt" (S.14)
Unter den prädikativen EAK-Ausdrücken* bekommen nicht die e-freien, sondern nur die e-abgeschlossenen einen Wahrheitswert zugeordnet (S.18-24).

<u>Funktoren</u>, auf S.13-15 vorgestellt:

	$-$	o	$*$	$\uparrow$
2	1	2	2	2
1	2	0	1	2
0	0	0	1	1

$\wedge$	2	1	0
2	2	1	0
1	1	1	0
0	0	0	0

$\vee$	2	1	0
2	2	2	2
1	2	1	1
0	2	1	0

$\longrightarrow$	2	1	0
2	2	1	1
1	2	2	2
0	2	2	2

$\longleftrightarrow$	2	1	0
2	2	1	1
1	1	2	2
0	1	2	2

'$-$' Funktor der präsuppositionsbewahrenden Negation
'o' Funktor der Präsuppositionseinführung
'*' Funktor der Präsuppositionsbeseitigung oder (S.61) der "maximalen eigentlichen Bedeutung"
'$\uparrow$' Funktor der maximalen Präsupposition

Es gilt (S.30): $-(oA \wedge B) \equiv oA \wedge -B$
$-(*A \wedge *B) \equiv -*A \vee -*B$
(S.29) $\uparrow oA \equiv *oA \equiv *A$
$\uparrow A \equiv *A \vee *-A$
$o(A \wedge B) \equiv oA \wedge oB$
$*(A \wedge B) \equiv *A \wedge *B$

<u>Funktoren</u>, später vorgestellt:

(S.25)

	$\neg$
2	1
1	2
0	2

(S.25)

:	2	1	0
2	2	1	0
1	0	0	0
0	0	0	0

(S.56)

$\vee_P$	2	1	0
2	2	2	0
1	2	1	0
0	0	0	0

(S.56)

$\longrightarrow_P$	2	1	0
2	2	1	0
1	2	2	0
0	0	0	0

(S.56)

$\longleftrightarrow_P$	2	1	0
2	2	1	0
1	1	2	0
0	0	0	0

'$\neg$' Funktor der präsuppositions-ignoranten Negation, auch er ist im EAK definierbar: $\neg A \equiv -*A$
':' Funktor der Konjunktion, die Präsuppositionen separiert (BIERWISCH), $A{:}B \equiv oA \wedge B$
'$\vee_P$' Diese drei Funktoren sind die präsupponierenden Pendants zu '$\vee$', '$\longrightarrow$' und '$\longleftrightarrow$'; sie erben die Präsuppositionen ihrer beiden Argumente (S.55):
'$\longrightarrow_P$'
'$\longleftrightarrow_P$'

$A \vee_P B :\equiv o(\uparrow A \wedge \uparrow B) \wedge (A \vee B)$
$A \longrightarrow_P B :\equiv o(\uparrow A \wedge \uparrow B) \wedge (A \longrightarrow B)$
$A \longleftrightarrow_P B :\equiv o(\uparrow A \wedge \uparrow B) \wedge (A \longleftrightarrow B)$

(S.50)

$\Longrightarrow$	2	1	0
2	2	1	1
1	2	1	1
0	2	2	2

(S.60)

++>	2	1	0
2	2	1	1
1	1	2	1
0	2	2	2

(S.69)

//	2	1	0
2	2	0	0
1	1	1	0
0	0	0	0

(S.69)

##	2	1	0
2	2	2	0
1	1	0	0
0	0	0	0

(S.69)

$\langle\rangle$	2	1	0
2	2	0	0
1	0	1	0
0	0	0	0

'$\Longrightarrow$' Funktor der Präsuppositionsrelation: $A \Longrightarrow B :\equiv (A \longrightarrow B) \wedge (-A \longrightarrow B)$
A präsupponiert B gdw '$A \Longrightarrow B$' allgemeingültig ist

'++>' Funktor der Relation "eigentliche Bedeutung": $A \mathrel{++>} B :\equiv (A \longrightarrow B) \wedge (-A \longrightarrow -B)$
B ist eine e.B. von A gdw '$A \mathrel{++>} B$' allgemeingültig ist
Achtung: Der Zusammenhang zwischen '*' und '++>' ist dem zwischen '$\uparrow$' und '$\Longrightarrow$' nicht ganz analog (S.60f.)

'//' Funktor der Allegation: Ist C Allegation von A, so gibt es einen Ausdruck B mit $A \equiv B \mathbin{//} C$ (S.67) $B \mathbin{//} C :\equiv o(B \longrightarrow_P C) \wedge *B$

'##' Funktor der Annegation (duales Gegenstück zur Allegation): $B \mathbin{\#\#} C :\equiv o(-B \longrightarrow_P C) \wedge *B$

'$\langle\rangle$' Funktor der Adäquivalenz: $B \langle\rangle C :\equiv o(B \longleftrightarrow_P C) \wedge (B \wedge C)$. $B \langle\rangle C \equiv o(B \longleftrightarrow_P C) \wedge *B$
Die Adäquivalenz ist "die Konjunktion unter Voraussetzung der Äquivalenz" (S.70)

---

* Siehe auch auf der Rückseite das <u>Register definierter Termini</u>.

__Weitere Regeln__:

Darstellbarkeit eines Ausdrucks A in der Form $oH \wedge K$, wobei H und K präsuppositionslos sind (Darstellungssatz, S.34):

$$A \equiv o \Uparrow A \wedge \ast A$$

($\Uparrow A$ max. Präsupposition, $\ast A$ "max. eigentliche Bedeutung")

Rekonstruktion von A aus den präsuppositionslosen Ausdrüken $\ast A$ und $\ast -A$ (S.35):

$$A \equiv o(\ast A \vee \ast -A) \wedge \ast A$$

Im EAK gilt nicht allgemein die De Morgansche Regel für $\{-, \wedge, \vee\}$. Vielmehr ist (S.30)

$$-(A \wedge B) \equiv o(\Uparrow A \wedge \Uparrow B) \wedge (-A \vee -B)$$

Grundregeln für '$\neg$' (S.28):

Es gilt nicht allgemein $\neg\neg A \equiv A$, statt dessen gilt $\neg\neg A \equiv \ast A$

De Morgansche Regeln für $\{\neg, \wedge, \vee\}$: $\neg(A \wedge B) \equiv \neg A \vee \neg B$

$\neg(A \vee B) \equiv \neg A \wedge \neg B$

Vertauschbarkeit des Vorkommens von Allegation und Annegation in einem Ausdruck (S.71):

$$((oA \wedge B) \mathbin{//} C) \mathbin{\#\#} D \equiv ((oA \wedge B) \mathbin{\#\#} D) \mathbin{//} C)$$

Rollentausch von Allegation und Annegation unter der Negation (S.71):

$$-(((oA \wedge B) \mathbin{//} C) \mathbin{\#\#} D) \equiv ((oA \wedge -B) \mathbin{//} D) \mathbin{\#\#} C)$$

Aus Allegation und Annegation lassen sich präsupponierte Teile "nach vorn ziehen" (S.72):

$$((oA \wedge B) \mathbin{//} (oC \wedge D)) \mathbin{\#\#} (oE \wedge F) \equiv o[A \wedge C \wedge E \wedge ((B \dashrightarrow_P D) \wedge (-B \dashrightarrow_P F)] \wedge (\ast)B$$
$$\equiv ((o(A \wedge C \wedge E) \wedge B) \mathbin{//} D) \mathbin{\#\#} F)$$

"Projektion" eines Ausdrucks und seines Negats auf die präsuppositionslose Ebene mittels '$\ast$', wodurch die Rolle von Allegation, Annegation und Adäquivalenz sichtbar wird:

Allegation und Annegation (S.71):

$$\ast(((oA \wedge B) \mathbin{//} C) \mathbin{\#\#} D) \equiv \ast(((A \wedge B) \wedge C) \wedge \Uparrow D)$$
$$\ast-(((oA \wedge B) \mathbin{//} C) \mathbin{\#\#} D) \equiv \ast(((A \wedge -B) \wedge \Uparrow C) \wedge D)$$

Adäquivalenz (S.149):

$$\ast(A \mathbin{\langle\rangle} B) \equiv \ast(A \wedge B)$$
$$\ast-(A \mathbin{\langle\rangle} B) \equiv \ast(-A \wedge -B)$$

Register definierter Termini:

Wolfdietrich Hartung

Die zusammengesetzten Sätze

7., unveränderte Auflage

1986. 230 Seiten — 17 cm × 24 cm
DDR 11,— M; Ausland 18,— DM
ISBN 3-05-000159-3
Bestell-Nr. 750 902 3
Bestellwort: studia grammatica 2115/4

(Reihe: studia grammatica)

Untersucht werden die grammatischen Beziehungen, die zwei gebundene Sätze eingehen, die hierarchische Struktur der neuentstandenen Einheit, ihre Permutationsmöglichkeiten sowie die Rolle der pronominalen oder proadverbialen Glieder im Hauptsatz, die Zusammenhänge zwischen verschieden strukturierten sowie die Mehrdeutigkeit von gleich strukturierten Sätzen. Als theoretischer Apparat dient die generative Grammatik.

Bitte wenden Sie sich an eine Buchhandlung.

AKADEMIE VERLAG BERLIN
Deutsche Demokratische Republik
Leipziger Straße 3-4, Postfach 1233 · DDR-Berlin, 1086

Renate Steinitz
unter Mitarbeit von Ewald Lang

Adverbial-Syntax

4., unveränderte Auflage

1988. 206 Seiten — 17 cm × 24 cm
DDR 12,— M; Ausland 12,— DM
ISBN 3-05-000488-6
Bestell-Nr. 750 978 7
Bestellwort: studia grammatica 2115/10

(Reihe: studia grammatica)

Innerhalb eines generativen Gesamtkonzepts der deutschen Grammatik wird das syntaktische Verhalten der Adverbialbestimmungen in wechselseitigem Bezug zu anderen syntaktischen Strukturen beschrieben. Gleichzeitig illustriert die Autorin ein Durchgangsstadium in der Geschichte des generativen Modells.

Bitte wenden Sie sich an eine Buchhandlung.

AKADEMIE-VERLAG BERLIN
Deutsche Demokratische Republik
Leipziger Straße 3-4, Postfach 1233 · DDR-Berlin, 1086

www.ingramcontent.com/pod-product-compliance
Lightning Source LLC
LaVergne TN
LVHW081337011026
849161LV00013BB/2942